현대인이라면 누구나 꼭 알아야 할 교양 과학

우주의 기원

저자 소개

이대형

서울대학교 사범대학 화학교육과를 졸업하고, 동 대학원에서 과학교육 전공 박사학위를 받았다. 1989년부터 춘천교육대학교 교수로 재직 중이며, (사)환경교육센터 이사장을 맡고 있다. 초등 과학 교육과 환경 교육에 많은 관심을 가지고 있으며, 어린이를 위한 과학책과 일반인을 위한 교양 과학 분야의 책을 저술하는 일에도 많은 노력을 기울이고 있다.

현대인이라면 누구나 꼭 알아야 할 교양 과학
우주의 기원

초판 발행 | 2019년 7월 22일
지 은 이 | 이대형
발 행 인 | 이환기
발 행 처 | 춘천교육대학교 출판부
등록 번호 | 제457호

주소 | 춘천시 공지로 126(석사동, 춘천교육대학교 본관 110호)
전화 | (02) 922-7090 팩스 | (02) 922-7092

ⓒ 이대형, 2019 Printed in Korea
ISBN 979-11-89023-35-5 03440

편집 디자인 · 유통 | (주)도서출판 하우
등록번호 | 제475호
주소 | 서울시 중랑구 망우로68길 48
전화 | (02) 922-7090, 922-9728 팩스 | (02) 922-7092
homepage | www.hawoo.co.kr

값 12,000원

* 이 책은 2017년도 춘천교육대학교 교내 연구비의 지원을 받아 출판되었음.

* 잘못된 책은 구입하신 곳에서 바꿔드립니다.

* 이 책의 판권은 지은이와 춘천교육대학교 출판부에 있습니다.
  양측 서면 동의 없는 무단 전재 및 복제를 금합니다.

현대인이라면 누구나 꼭 알아야 할 교양 과학

우주의 기원

THE ORIGIN OF THE UNIVERSE

이대형 지음

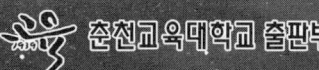
춘천교육대학교 출판부

들어가는 말

'우리는 누구인가?', '우리는 어디서 왔으며, 어디로 가는가?'라는 문제는 우리 인류가 전체 역사에 걸쳐 늘 궁금하게 여겨왔던 주제이다. 이 주제는 과학적 측면도 있고, 철학적 측면도 있으며, 종교적 측면도 있는 매우 광범위한 주제이다. 당연히 과학자들도 이러한 주제에 많은 관심을 가지고 있다. 과학자들에게 현대인으로서 꼭 알아야 할 과학 교양 주제를 골라보라고 하면 공통적으로 '우주의 기원'과 '생명의 기원'을 꼽는다. 바로 이 두 주제가 인류가 항상 궁금하게 여겨왔던 주제인 동시에 과학의 본질과 과학의 역사를 모두 포함하고 있는 주제이기 때문이다. 특히 '우주의 기원'에 관한 주제는 이론 물리학, 역학, 천문학, 화학, 수학 등 다양한 과학 분야를 포괄하고 있기 때문에 과학의 본질을 전반적으로 이해하기에 매우 적당하다.

지금까지 출판된 '우주의 기원'에 관한 도서는 수도 없이 많다. 그러나 '우주에 기원'에 관한 도서뿐 아니라 대부분의 교양 과학 도서들에는 전문적인 내용이 너무 많아 일반인들은 이해하기 힘든 경우가 많다. 어느 과학 분야의 전문가가 교양 도서를 집필할 경우, 전문가의 입장에서 이런 수준의 내용은 대부분의 사람들이 알고 있을 것이라고 생각하고 집필을 하지만 일반인의 입장에서는 너무 어렵게 느껴지는 것이다.

필자가 근 30여 년 동안 대학에서 교양 과학을 가르쳐 오면서 느낀 점은 우리 학생들이 과학에 대한 단편적인 지식은 매우 풍부하다는 것이다. 요즈음에는 고등학교에서 물리·화학·생물·지구과학을 모두 배우고 오지는 않지만, 기본적인 과학의 지식은 충분히 갖추고 있다고 생각된다. 하지만 대학 입시만을 위해 공부한 탓인지 그러한 지식이 성립된 배경은 무엇이며, 각각의 지식이 어떻게 연관되어 있는지, 또 그것이 우리 인류에게 어떤 영향을 미쳤는지에 대해서는 거의 모르고 있다.

 필자의 전공은 과학 분야이기는 하지만 '우주의 기원'에 관한 것이 아니다. '우주의 기원'을 연구하는 물리학, 천문학 등과는 아주 거리가 멀다. 그럼에도 이 책을 쓴 이유는 대학에서 교양 과학을 가르치면서 과학 교양 도서들이 일반인들의 수준에는 너무 어렵다는 점과 일반인들이 과학의 지식은 많이 가지고 있지만 서로 연관시키지 못하고 있다는 점들을 보완한 책을 써보고 싶었기 때문이다. 따라서 이 책은 '우주의 기원'에 대한 해설서 비슷한 형태로 구성하였다. 부디 많은 분들이 이 책을 통하여 과학에 흥미를 갖게 되기를 바란다.

춘천에서 저자 이대형

목차

1부 빅뱅 이론이 탄생하기까지

1. 먼저 알아야 할 것들 ··· 10
2. 아인슈타인 : 우주의 미래를 예측하다. ················ 19
3. 프리드만과 르메트르 : 우주 팽창설을 주장하다. ···· 28
   * 방정식을 푸는 사람마다 답이 다르다?
4. 허블 : 우주가 팽창한다는 증거를 찾아내다. ········ 32
   * 변광성이란 무엇인가?
   * 허블 우주 망원경
5. 가모브 : 빅뱅 이론을 주장하다. ··························· 44
   * 빛에도 온도가 있을까?
6. 우주 배경 복사 : 빅뱅 이론이 증명되다. ··············· 49
7. 왜 우주 배경 복사가 그렇게 중요한가? ················· 51
   * 빅뱅 이론의 발전 과정 요약

2부 빅뱅 이론의 발전

1. 먼저 알아야 할 것들 ··· 58
   * 플랑크의 양자 이론
2. 우주의 간추린 역사 ·· 69
3. 우주가 태어나다. ·· 74
   * 폭발인가? 팽창인가?
4. 플랑크 시간 : 아무것도 알 수 없다. ···················· 82
5. 대통일이론 시대 : 중력이 생기다. ························ 84
   * 자연계에 존재하는 네 가지의 기본 힘
6. 인플레이션 시기 : 갑자기 팽창하다. ····················· 92

7. 강입자 시대 : 중성자와 양성자가 만들어지다. ······················ 95
   * 쿼크란 무엇인가?
8. 빅뱅 핵 합성 시기 : 헬륨 원자핵이 만들어지다. ··················· 99
   * 왜 헬륨이 우주에서 차지하는 비율이 22%가 되었을까?
9. 빛의 시대가 가고 물질의 시대가 오다. ···························· 102
10. 우주 맑게 개다. ·· 104
11. 별과 은하가 만들어지다. ·· 105
12. 나머지 원소들이 만들어지다. ··· 107
    * 우리의 몸에 우주의 역사가 들어 있다!

3부 빅뱅 이론의 문제점

1. 우주는 왜 균일한가? ··· 113
2. 우주는 계속 팽창할 것인가? ·· 116
3. 보이는 것이 전부는 아니다. ··· 120
   * 중성미자
4. 그래도 모르는 것이 더 많다. ··· 127

4부 우주에 대한 궁금증

1. 밤하늘은 왜 어두운가? ··· 132
2. 우주의 끝은 어디인가? ··· 135
3. 우리가 우주의 중심인가? ·· 138
4. 지구 외에도 다른 생명체가 있을까? ··································· 140
5. 우리 은하에 존재하는 고등 문명체의 수는 얼마나 될까? ······ 160
6. 도대체 외계인들은 어디에 있는 거야? ······························· 167
   * 평화냐? 전쟁이냐?

1부

빅뱅 이론이 탄생하기까지

먼저 알아야 할 것들

▰ '이 세상은 어떻게 만들어졌을까?'라는 질문에 관하여

우리는 누구나 살아오면서 '우리가 사는 이 세상은 어떻게 만들어졌을까?'라는 의문을 한 번쯤은 가져 보았을 것이다. 이러한 의문은 상황에 따라 각기 다른 이유로 생겨났을 수도 있으며, 답을 얻기 위한 방식도 각각 다를 수 있고, 따라서 최종적인 답도 다를 수 있다. 어떤 민족의 기원에 관한 신화나 역사·종교와 관련하여 이러한 질문을 떠올렸을 수도 있고, 우리가 살아가는 사회·경제 체제와 관련하여 질문을 떠올렸을 수도 있다. 또는 하늘에 보이는 태양, 달, 별과 같은 천체나 구름, 바다, 산, 나무 등의 자연 또는 낮과 밤이나 계절과 같은 자연의 변화를 보고 떠오른 질문일 수도 있다. 즉, '이 세상은 어떻게 만들어졌을까?'라는 질문은 인문사회 분야의 질문일 수도 있고 자연과학 분야에 관한 질문일 수도 있다.

여기에서는 이 질문이 과학과 관련된 질문이고, 이에 대해 과학은 어떠한 답을 주고 있는지에 대해서만 국한하여 설명해 보기로 하자. 물론 이 질문이 과학과 관련된 질문이라고 하더라도 질문하는 사람에 따라 구체적인 내용은 달라질 수 있을 것이다. 밤하늘의 반짝이는 별과 희미하게 밤하늘을 가로지르는 은하수, 짧은 순간의 빛을 내며 사라지는 유성을 낭만적으로 바라보며 떠오른 질문일 수도 있다. 또 우리의 지구나 달, 태양계, 나아가 더 큰 범위의 은하가 어떻게 만들어졌는지에 관한 질문일 수도 있다. 이 세상의 모든 만물이 원자로 만들어졌다고 하는데, 그 원자들은 어떻게 만들어졌는지에 대한 궁금증이 생겼다면 이 궁금증 또한 '세상은 어떻게 만들어졌을까?'라는 질문의 다른 형태에 지나지 않는다.

어쨌든 어떤 상황에서 나온 것이든 '세상은 어떻게 만들어졌을까?'라는 질문은 인류의 궁극적인 관심사인 '우리는 누구인가? 우리는 어디에서 왔으며, 어디로 가는가?'라는 질문으로 귀결되게 된다.

인류의 궁극적인 질문을 간략하게 요약하면 **우주의 기원**과 **생명의 기원**이라고 할 수 있다. 얼핏 보기에 별, 태양계나 은하 등을 다루는 학문 분야는 천문학이고 물질을 이루는 기본 입자인 원자를 다루는 학문 분야는 화학 또는 물리학으로 서로 상관이 없는 것 같지만 사실은 서로 밀접하게 연관되어 있다. 별이나 태양계, 은하를 이루고 있는 물질 역시 원자로 구성되어 있기 때문이다.

별이나 태양계, 은하가 어떻게 만들었는지 알고자 한다면, 당연히 가장 먼저 물질이 어떻게 만들어졌는지 알아야 한다. 물질의 기본 입자인 원자와 그 원자를 이루는 소립자부터 거대한 은하, 더 크게는 우리의 우주에 이르기까지 여러 문제를 한꺼번에 다루는 것이 바로 **우주의 기원**에 관한 탐사이다. 생명도 물질로 이루어졌기 때문에 크게 보면 우주의 기원과 연관되어 있다고 볼 수도 있지만, 생명은 단순한 물질의 집합 이상이라고 생각되므로 과학자들도 우주의 기원에서는 다루지 않고 **생명의 기원** 문제로 따로 취급하고 있다. 우주의 기원과 생명의 기원이야말로 현대인이라면 꼭 알아야 할 과학 상식이다.

본 책에서는 우리 우주가 어떻게 만들어졌는지에 대한 과학자들의 노력과 성과에 대해 교양 수준에서 알아보기로 하자.

교양 수준이라고 해서 그냥 간단하게 설명한다는 것은 아니다. 대부분의 우주 기원에 관한 책들이 어느 정도 그 분야를 공부한 사람이나 흥미를 가지고 있던 사람들을 대상으로 하기 때문에 기초 지식이 없이는 따라가기 힘들다. 이 책은 일반인을 대상으로 집필한 책이므로 가능하면 배경 지식까지 자세히 설명하여 이해하는 데 무리가 없도록 할 예정이다. 우주의 기원에 대해 자세히 알아보기 전에 꼭 알아야 할 기본 사항에 대해 먼저 이야기해 보도록 하자.

▍ 과학의 법칙과 이론

우리는 중·고등학교 과학 시간에 여러 가지 법칙과 이론에 대해 학습한 바 있다. 화학 교과에서는 보일의 법칙과 돌턴의 원자론에 대해 들어 봤으며, 물리 교과에서는 만유인력의 법칙과 아인슈타인의 상대성 이론 등에 대해 들어 봤을 것이다. 또 생물 교과에서는 유

전과 관련된 우열의 법칙과 다윈의 진화론에 대해 들어 봤을 것이다. 학생 시절에는 각각의 법칙과 이론과 관련된 내용을 외우고 관련된 문제를 푸느라고 법칙과 이론의 차이점에는 그다지 신경을 쓰지 않았을 것이다. 하지만 과학을 정확하게 이해하기 위해서는 반드시 '법칙'과 '이론'의 차이점을 알아야 한다. 이 책에서 앞으로 서술할 우주의 기원에 대해 이해하려면 항상 그 내용 중에 포함된 '법칙'과 '이론'을 구별하는 것이 꼭 필요하기 때문이다.

먼저 과학에서의 '법칙'에 대해 알아보자.

'법칙'이란 단어를 사전에서 찾아보면 '많은 관찰 사실을 종합한 일반 원리'라고 설명하고 있다. 과학 분야에서 '법칙'이란 단어가 사용되었다면 이것은 우리가 자연에서 관찰과 측정을 통해 알아낸 여러 가지 사실을 간단한 수식이나 문장으로 표현한 것을 뜻한다.

고등학교를 나온 사람들은 누구나 '만유인력의 법칙'에 대해 들어 봤을 것이다. 흔히 과학자 뉴턴이 사과나무에서 떨어지는 사과를 보고 아이디어를 얻었다는 이 법칙은 '질량을 가진 두 물체 사이에 작용하는 힘'에 대한 법칙이다. 자세히 기술하면 만유인력의 법칙은 '두 물체 사이에 작용하는 힘은 두 물체 사이의 거리의 제곱에 반비례하고, 두 물체의 질량의 곱에 비례한다.'라는 문장이나 다음과 같은 간단한 식으로 표현한다.

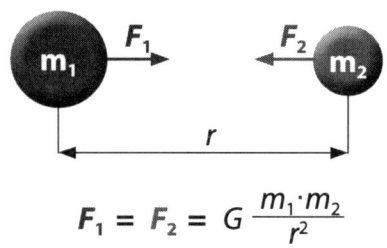

$$F_1 = F_2 = G \frac{m_1 \cdot m_2}{r^2}$$

두 물체 사이에 작용하는 이 힘은 두 물체의 질량이나 거리에 관계없이 항상 작용한다. 두 물체의 질량이 아무리 작거나 크더라도, 두 물체 사이의 거리가 아주 가깝거나 매우 멀어도 항상 두 물체 사이에는 식에서 나타난 힘이 작용한다는 것이다. 뉴턴은 이 식을 사용하여 행성이나 혜성의 운동, 달의 세차 운동, 은하의 생성 및 빛의 굴절 등에도 적용할 수 있었다.

우주에서 두 물체 사이에 작용하는 힘의 관계는 예외가 없기 때문에 이것을 '법칙'이라고 부르는 것이다. 즉, 관찰하거나 측정한 사실에 단 하나의 예외도 없이 일반화되었을 때 '법칙'이 되는 것이다.

하지만 모든 법칙에 예외가 없는 것은 아니다. 어떤 법칙을 발견했을 당시에는 예외없이 모든 경우에 적용할 수 있어 '~ 법칙'이라고 했으나, 후에 법칙에 어긋나는 관찰 사실이 나타날 수도 있다. 예를 들면 화학 시간에 배운 '보일의 법칙'이라는 것이 있다. '보일의 법칙'은 기체의 압력과 부피와의 관계를 나타낸 것으로, '일정한 온도에서, 기체의 부피는 압력에 반비례한다.'는 법칙이다. 우리가 빈 주사기에 공기를 넣고 피스톤을 눌렀을 때(즉, 압력을 높였을 때) 부피가 줄어드는, 바로 그 법칙이다. 이 법칙은 낮은 압력에서는 잘 맞으나 압력이 높아지면 잘 맞지 않는다. 그러나 우리의 생활 속에서 경험할 수 있는 조건에서는 대부분 잘 들어맞으므로 아직도 '법칙'이라고 부르는 것이다.

어쨌든 '법칙'이란 단어는 우리가 관찰한 사실들이 예외없이 일반화될 수 있을 때 붙이는 것이다. 따라서 '법칙'은 우리가 이미 관찰한 사실뿐 아니라, 미래에 관찰될 사실에 대해서도 정확하게 예측하게 해 준다. 현대에서 혜성의 진로를 예측하거나 인공위성을 띄우거나, 화성에 탐사선을 보낼 수 있는 것도 만유인력의 법칙이 예외없이 적용되기 때문이다.

이제 과학에서 사용되는 '이론'이라는 용어에 대해 알아보자.

과학을 공부하다 보면 '상대성 이론'이나 '빅뱅 이론'과 같이 '이론'이란 단어가 붙거나 '원자론'이나 '진화론'과 같이 '~론'이라는 용어가 수도 없이 많이 나와 학생들을 괴롭힌다. '돌턴의 원자론'이나 '현대적 원자론'과 같이 한 가지 사실이나 현상에 대해서도 각기 다른 이론이 존재하기도 한다. 이것은 이론이 '사물이나 현상의 이치를 논리적으로 일반화한 단계', 즉 관찰한 사실을 대한 설명이기 때문이다. 같은 현상에 대한 다른 설명하더라도 각각의 설명이 논리적으로 타당하다면 그 이론은 받아들여지는 것이다. 이론이란 어떤 사실이나 현상 자체가 아니라 그것이 나타나는 이유를 설명하는 것이기 때문이다.

과학자들은 세심한 관찰과 실험을 통해 규칙성을 찾으려고 노력한다. 찾아낸 규칙성들에 대한 진술이 정확하면, 이 진술은 관찰된 사물이나 현상 사이의 지속적인 관계를 나타내는 법칙으로 받아들여지게 된다. 그러므로 어떤 과학자가 사물이나 현상의 규칙성을 밝혀내어 과학적 호기심을 만족시킬 수 있는 법칙을 발견하였다면, 그는 이러한 법칙들이 나타난 이유를 설명하려 시도할 것이다. 바로 이러한 법칙들이 성립하는 이유를 설명하려는 논리적인 체계가 바로 '이론'인 것이다.

앞서 뉴턴의 '만유인력의 법칙'은 두 물체 사이에 작용하는 힘은 두 물체의 질량과 거리에 관계가 있다는 것을 말해줄 뿐, 왜 그런 현상이 일어나는지에 대한 설명하지는 않는다. 당시 뉴턴은 태양계의 모든 천체 운동을 지배하는 힘을 상정하고 그것을 '중력'이라고 불렀다. 중력은 만질 수도 없고 눈에 보이지도 않는다. 이것은 뉴턴이 두 물체 사이에 작용하는 힘을 설명하기 위해 도입한 것이다. 뉴턴이 처음 생각해낸 '중력(만유인력)'은 오늘날 우주의 모든 물질 입자들 사이에 보편적으로 존재한다고 믿고 있다.

'이론'이라는 용어를 다시 한번 설명하기 위해 다윈의 '진화론'을 한번 살펴보자. 다윈은 젊은 시절 박물학자로서 비글호를 타고 갈라파고스 제도 등을 탐험 조사를 하여 많은 자료를 모은 다음, 생물은 진화한다고 주장했다. 갈라파고스 제도에서 수집한 핀치 새의 부리가 섬마다 조금씩 다르다는 것을 알아내고 환경에 따라 생물은 진화한다고 생각했다. 섬마다 핀치 새의 부리가 다르다는 것은 분명히 관찰한 사실들이다. 그렇다면 핀치 새의 부리가 섬마다 왜 다를까? 라는 의문에 대해 다윈이 설명한 것이 바로 진화론인 것이다. 물론 다윈이 핀치 새의 부리만 관찰하여 진화론을 주장한 것은 아니다. 핀치 새의 부리 외에도 수많은 자료가 다윈이 진화론을 주장하게 된 근거가 되었다.

이와 같이 과학자들은 자연을 관찰하여 여러 가지 사실을 모으고, 그 사실에 대해 설명하는 것이 바로 '과학 이론'인 것이다. 흔히 과학의 이론을 '그냥 떠올린 생각'이라고 생각하는 사람이 많지만, 과학에서의 정립된 이론은 그렇게 쉽게 만들어지는 것은 아니다. 과학 이론은 **현상에 대한 관찰 → 법칙 발견 및 정리 → 가설 설정 → 가설에 대한 검증 수행 → 검증된 가설로 이론 만들기**의 과정을 거쳐 만들어진다. 이것이 바로 과학적 방법론이며 과학에서의 문제 해결 방법인 것이다.

'과학 이론'이 항상 진화론과 같이 관찰된 사실로부터 나오는 것은 아니다. 때로는 엄밀한 수학적 논리로 과학 이론이 만들어지는 경우도 있다. 아인슈타인의 '상대성 이론'은 관찰된 사실을 바탕으로 만들어진 이론이 아니다. 엄밀한 수학적 논리를 바탕으로 상대성 이론이 만들어졌으며, 이 이론은 나중에 다양한 실험과 관측의 결과가 뒷받침되어 이론으로서 인정을 받게 되었다.

어떤 과학 이론이 널리 인정받으려면 몇 가지 조건을 만족해야 한다. 첫째로는 논리적으로 일관성이 있어야 하며, 둘째로는 관찰이나 실험을 통해 경험적이고 과학적으로 검증이 가능해야 하고, 셋째로는 미래를 정확히 예측할 수 있어야 한다는 조건을 만족해야만 과학의 이론으로 인정받을 수 있는 것이다. 우리가 학교에서 배운 여러 가지 과학의 이론들은 이러한 조건들을 만족시킬 수 있었기 때문에 지금까지 살아남을 수 있었던 것이다.

이상으로 앞으로 이야기할 우주의 기원에 앞서 먼저 알아야 할 것들에 대해 살펴보았다. 우주의 기원뿐 아니라 과학의 여러 내용에 대해 정확히 이해하려면 먼저 과학에서의 법칙과 이론을 잘 구별하는 것이 중요하다.

 **아인슈타인 : 우주의 미래를 예측하다.**

　아인슈타인의 상대성 이론에 대해 들어보지 못한 사람은 없을 것이다. 아인슈타인의 상대성 이론은 지금까지 생각해 왔던 시간과 공간에 대한 인식을 바꾸었으며 우리의 우주가 어떤 모습을 가지고 있는지 설명할 뿐 아니라, 우주는 어떻게 만들어졌는지 또 우주가 앞으로 어떻게 될지에 대한 생각을 풀어갈 수 있는 계기가 되었다.

　1915년 아인슈타인은 일반 상대성 이론을 발표하였다. 일반 상대성 이론을 간단히 이야기하면 에너지(물질)의 양에 따라 공간이 결정되고, 공간이 결정됨에 따라 시간도 결정된다는 것이다. 시간은 항상 한쪽으로 일정하게 흐르는 것이 아니라 빠르게 흐를 수도, 느리게 흐를 수도, 심지어 멈출 수도 있다는 것이다. 공간 역시 일정하게 정해진 것이 아니라 휘어질 수 있다는 것이다. 어떤 공간에 존재하는 물질의 양에 따라 그 공간의 휘어지는 정도가 다르게 되고 이에 따라 시간과 미래도 결정된다는 것이 일반 상대성 이론의 요점이다.

　(앞에서 에너지와 물질을 같은 것으로 설명하였는데, 모두가 알고 있는 아인슈타인의 특수 상대성 이론에서 나온 유명한 식 $E = mc^2$을 떠올려 보자. 이 식에 의하면 에너지와 물질은 상호 변환할 수 있으므로 '에너지'란 용어를 사용하든지 '물질'이라는 용어를 사용하든지 아무런 차이가 없다.)

우리의 우주 공간도 에너지 덩어리이기 때문에 에너지(물질)의 양에 따라 공간과 미래가 결정된다. 만일 우리의 우주에 물질의 양이 어느 정도 이상이라면 만유인력의 법칙에 따라 서로 끌어당겨 수축할 것이고, 물질이 어느 정도 이하라면 끝없이 팽창할 것이라는 것이다. 그 당시까지는 우주가 팽창하거나 수축한다는 증거가 없었으므로 아인슈타인은 우주가 현재 우리가 보는 것과 같이 늘 같을 것이라 생각하였다. 이에 아인슈타인은 일반 상대성 이론을 유도해낸 방정식에 '우주 상수'를 추가하였다. 우주 상수는 우리의 우주가 중력에 의해 한 점으로 수축하지 않도록 하는 힘을 나타낸 것이다. 몇 년 후, 우주가 팽창한다는 사실이 밝혀진 후에는 자신이 추가한 우주 상수가 커다란 실수였다고 인정했다.

어쨌든 아인슈타인의 일반 상대성 이론은 물질의 양에 따라 우주가 수축하거나 팽창할 수도 있다는 가능성을 밝힌 것이다. 이후 러시아의 이론물리학자인 프리드만(Friedmann)은 우주가 팽창하지 않는 것처럼 보이는 것은 우리의 우주가 아무런 변화가 없기 때문이 아니라 우주가 팽창하는 과정의 한 순간만을 보고 있기 때문이라며, 팽창하는 우주 방정식을 도입하여 우주 팽창론을 주장하였다.

상대성 이론은 오직 아인슈타인의 사고와 수학적 논리만으로 만들어진 이론이다. 물론 그 후에 여러 가지 실험과 관측에 의해 상대성 이론의 예측이 모두 맞는다는 것이 밝혀지기는 했으나, 상대성 이론을 발표할 당시만 해도 우주가 팽창하는지 수축하는지에 대한 아무런 실질적인 증거가 없었다. 따라서 우주의 기원에 대해서도 과학자들은 아직 생각해 볼 겨를이 없었다. 우주가 팽창하는지 수축하는지 알아야 우주의 기원에 대해 따져볼 수 있기 때문이었다.

▌ 여기서 잠깐, 상대성 이론에 대해 간단히 알아보자.

아인슈타인이 상대성 이론을 만들었다는 것은 누구나 알고 있다. 그러나 상대성 이론을 완벽하게 이해하는 사람은 전 세계에 몇 명밖에 되지 않는다는 등의 근거 없는 이야기로 우리들과 같이 평범한 사람은 접근하기조차 어려운 이론으로 생각하는 사람들이 많다. 또 상대성 이론이 특수 상대성 이론과 일반 상대성 이론으로 나누어져 헷갈리기 십상이기도 하다. 하지만 몇 가지 내용만 잘 이해한다면 상대성 이론이 결코 어려운 것은 아니다. 물론 상대성 이론을 수학적으로 이해할 수는 없겠지만….

상대성 이론을 이해하기 위해서는 먼저 '상대성'이란 용어를 알아야 한다. 우리는 일상생활에서도 '상대적'이라는 단어를 많이 사용한다. 어떤 사건이 있을 때 보는 사람에 따라 다르게 설명할 수 있을 때 이 단어를 사용한다. 거리에서 보행자와 자동차가 부딪히는 사고가 일어났다고 하자. 교통사고는 하나의 사건이다. 하지만 보는 사람에 따라 다르게 보일 수도 있다. 자동차에 탄 사람은 보행자가 잘

못했다고 이야기할 수 있고, 보행자는 자동차가 잘못했다고 이야기할 수도 있다. 또 사고를 목격한 다른 사람들은 또 다른 이야기를 할 수도 있다. 이와 같이 하나의 사건에 대해 각자가 위치한 상황에 따라 다른 이야기를 할 때 우리는 '상대적'이라는 용어를 사용한다.

상대성 이론의 '상대성'이란 단어도 마찬가지이다. '상대성'이란 나를 제외한 다른 대상이 나를 관찰하였을 때 내가 보고 듣고 느끼는 것과는 다르게 느낀다는 것이다. 예를 들어, 내가 자동차를 타고 시속 80Km의 속도로 동쪽에서 서쪽으로 가고 있고, A는 오토바이를 타고 시속 60Km의 속도로 서쪽에서 동쪽으로 가고 있다고 하자. 길가에 서 있는 B는 내가 시속 80Km로 달리고 있다고 하겠지만, 오토바이를 타고 있는 A는 내가 시속 140Km로 달리고 있다고 생각할 것이다. 이와 같이 관찰하는 사람에 따라 관찰하는 대상의 속도가 다르게 느껴지는 것을 '상대 속도'라고 한다. 관찰하는 사람에 따라 내가 탄 자동차의 속도를 다르게 느끼더라도 내가 탄 자동차의 속도가 바뀌는 것은 아니다. 즉, 관찰자에 따라 속도는 상대적일 수는 있어도 물리법칙은 바뀌지 않는다는 것을 상대성의 원리라고 한다. 이와 같은 속도의 상대성은 지동설로 유명한 갈릴레오가 처음 발표하여 '갈릴레오의 상대성의 원리'라고 부른다.

'상대성'이란 개념만 정확히 알고 있으면 아인슈타인의 상대성 이론도 비교적 쉽게 이해할 수 있다. 먼저 특수 상대성 이론에 대해 알아보자.

특수 상대성 이론은 움직이는 물체가 등속도로 움직이는 특수한 상황에서만 적용되는 이론이다. 등속도란 시간이 지나가도 속도가 변하지 않는 운동이다. 버스가 시속 80Km로 달린다고 하면 등속도 운동을 하는 것 같지만, 현실에서 등속도 운동을 경험하기는 어렵다. 처음부터 끝까지 같은 속도로 달리는 버스가 어디 있을까? 처음 출발할 때는 점점 속도를 높여야 하며, 정지할 때는 속도를 줄여야 한다. 가는 중간에도 속도를 높이거나 줄여야 하므로 버스가 등속도 운동을 한다고는 볼 수 없다. 특수 상대성 이론은 등속도 운동을 할 때만, 즉 매우 특별한 경우에만 적용되는 이론이므로 '특수'라는 이름을 붙인 것이다.

특수 상대성 이론의 요지는 딱 두 가지로, 빛이 속도는 항상 일정하다는 것과 등속도로 움직이는 물체의 시간은 느려지고, 길이는 줄어들며, 질량은 증가한다는 것이다. 첫 번째 요지인 '빛의 속도는 항상 일정하다'는 광속 불변의 원칙은 빛은 정지하고 있는 관찰자에게나 움직이는 관찰자에게 항상 같은 속도로 보인다는 것이다. 빛은 초속 30만Km의 속도로 움직인다. 만일 초속 10만Km 속도의 우주선을 타고 빛을 쫓아가면 빛이 초속 20만Km의 속도로 움직이는 것처럼 보일 것이라고 생각되지만, 실제로는 초속 10만Km의 우주선을 타고 가도 빛은 초속 30만Km로 움직이는 것처럼 보인다는 것이다. 광속 불변이 원칙은 아인슈타인이 상대성 이론으로 밝혀낸 것이 아니라 상대성 원리를 밝히기 위해 내세운 가정이었다. 과학에서는 어떤 가정을 세우고 이론을 전개하였을 때, 이론이 옳은 것으로 판명되었다면 그 이론을 세우기 위해 만든 가정도 옳다고 본다. 이것이 과학에서 이론을 전개하는 방법이다.

특수 상대성 이론의 두 번째 요지는 '등속도로 움직이는 물체의 시간은 느려지고, 길이는 줄어들며, 질량은 증가한다.'는 것으로, 특히 시간이 느려지는 현상은 SF 영화에서 흔히 등장하는 소재이다. 우리나라에서도 상영된 유명한 영화 '인터스텔라'에서 주인공이 우주여행을 하고 돌아와 보니 지구에 남아 있던 딸이 자기보다 훨씬 더 늙어 있는 장면이 나온다. 주인공이 우주선을 타고 매우 빠른 속도로 등속도 운동을 하였기 때문에 시간이 느리게 가서 나타나는 현상이다. 이 현상을 설명할 때 주의할 것이 바로 '상대성'이란 단어이다. 우주선에 탔던 주인공의 기준으로 볼 때 시간이 늦게 가거나, 여행한 거리가 줄거나, 주인공 혹은 우주선의 질량이 증가한 것은 아니다. 상대적으로 지구에 있던 사람이 볼 때 그렇다는 것이다.

흔히 알고 있는 '질량과 에너지는 같다'는 $E = mc^2$ 식은 특수 상대성 이론을 전개하는 도중에 자연적으로 도출되는 결과이다.

특수 상대성 이론을 간략하게 요약하면 다음과 같다.

> 모든 운동은 상대적이며, **등속 운동**을 하는 모든 관찰자에게는 같은 물리 법칙이 적용된다. 단, 같은 물리 법칙이 적용되기 위해서는 등속 운동을 하는 시공간의 시간은 느리게 가야하고, 길이는 짧아져야 한다.

이제, 물체의 속도가 점점 빨라지거나 느려지는 가속도 운동을 할 때에도 적용되는 일반 상대성 이론에 대해 알아보도록 하자.

시간이 지나감에 따라 물체의 속도가 점점 빨라지거나 느려지는 가속도 운동을 할 때 우리는 관성력이라는 힘을 받는다. 버스가 출발할 때 버스 안에 있는 사람들이 뒤로 쏠리는 듯한 그 힘이 관성력이다. 아인슈타인은 사고 실험을 통해 가속도 운동을 할 때 받는 힘과 질량을 가진 물체 사이에 작용하는 힘(중력)이 동일하다는 것을 밝히고, 이를 수학적으로 증명하여 일반 상대성 원리를 밝히는 기초로 삼았다.

일반 상대성 이론의 요지는 중력은 시공간을 일그러지게 하고, 중력이 강할수록 시간은 느리게 간다는 것이다. 아인슈타인은 일반 상대성 이론 논문에서 태양이나 행성 같은 물체에 의해 휘어진 공간의 기하학을 나타내는 한 쌍의 방정식을 유도했는데, 이 방정식들은 질량을 가진 물체에 의해 공간이 어떻게 휘어지는지를 정확히 설명하는 것이었다. 아인슈타인은 중력이 시간과 공간의 곡률이라는 것을 입증하기 위해 태양 근처에서 빛이 휘어지는 현상과 수성 궤도의 미세한 변화, 그리고 중력장에서 시간이 느려지는 현상 등을 예측하였다. 물론 그의 예측은 나중에 모두 틀림없다는 것이 밝혀졌다.

영화 '인터스텔라'에서도 강한 중력에 의한 시간의 느려지는 현상을 이용한 장면이 나온다. 주인공이 웜홀을 지나 도착한 다른 은하계에서 중력이 매우 강한 블랙홀 근처의 물로 덮인 행성을 조사하는 장면이 바로 그것이다. 주인공이 작은 우주선을 타고 그 행성을 조사한 시간은 단지 3시간 조금 넘었을 뿐이었는데, 모선에 남아있던 동료에게는 무려 23년이라는 시간이 흘렀다는 것이다. 바로 일반 상대성 이론에 의한 '중력이 강할수록 시간은 느리게 간다.'는 현상을 이용하여 구성한 이야기이다.

일반 상대성 이론을 간략하게 요약하면 다음과 같다.

> 모든 운동은 상대적이며, **가속도 운동**을 하는 모든 관찰자에게도 같은 물리 법칙이 적용된다. 단, 같은 물리 법칙이 적용되기 위해서는 가속도 운동을 하는 시공간(혹은 중력을 받는 시공간)은 휘어져야 한다.

▰ 여기서 숨겨진 이야기 하나.

'상대성 이론'란 용어는 아인슈타인 자신이 만든 붙인 것이 아니라 다른 학자들이 붙인 것이다. 특수 상대성 이론이 1905년 6월에 독일 물리학계의 학술지인 물리학연보에 실렸을 때, 논문 제목은 '움직이는 물체의 전기동역학에 대하여'이었고, 논문 속에도 '상대성'이란 말이 나오지 않는다. 아인슈타인은 자신의 이론이 절대적인 진리라 생각했는데, '상대성 이론'이란 이름을 붙이면 그의 이론이 상대적인 진리라는 느낌이 든다고 생각해서 별로 좋아하지 않았다고 한다.

 ## 프리드만과 르메트르 : 우주 팽창설을 주장하다.

아인슈타인의 일반 상대성 이론에 의하면 '중력은 시공간을 일그러지게 하고, 중력이 강할수록 시간은 느리게 간다.'고 한다. 이러한 결론을 도달하기 위해 아인슈타인이 한 일은 다음과 같은 방정식을 만든 것이었다.

$$R_{\mu\nu} - \frac{1}{2} g_{\mu\nu} R = \frac{8\pi G}{c^4} T_{\mu\nu}$$

이 방정식을 '아인슈타인의 장 방정식'이라고 한다. 이 방정식은 공간의 구조를 나타내는 함수, 질량과 에너지 분포를 포함하는 함수, 만유인력, 빛의 속도 등을 포함하는 복잡한 함수이다. 이 식을 풀려면 고도의 수학적 지식이 필요하므로 우리와 같은 보통 사람들은 엄두도 내지 못하다. 단지 식을 풀어서 나온 결과를 '중력은 시공간을 일그러지게 하고, 중력이 강할수록 시간은 느리게 간다.'라는 쉬운 표현으로 일반 상대성 원리를 이해하고 있는 것이다.

이 식을 만든 아인슈타인도 당연히 식을 풀어 보았는데, 결과는 우주는 팽창한다는 것이었다. 하지만 우주는 항상 똑같은 상태를 유지한다고 생각했던 아인슈타인은 또 복잡한 계산을 거쳐 우주가 팽창하지 못하도록 '우주 상수'라는 항을 덧붙였다. 결국 허블에 의해 우주가 팽창한다는 증거가 제시되자 철회하고 말았지만……

기껏 잘 만들어 놓은 방정식에 자기가 알고 있는 우주와 다르다고 쓸데없는 우주 상수를 붙인 것을 보면 아인슈타인도 천재이기에 앞서 우리와 같은 하나의 인간이었다는 면모를 보여준다.

아인슈타인이 일반 상대성 원리를 발표한 때는 1915년이었는데, 그로부터 거의 10여 년 후인 1924년과 1927년에야 비로소 또 다른 과학자 두 명에 의해 독립적으로 장 방정식의 풀이가 구해졌다. 그때까지는 아인슈타인의 장 방정식이 너무 어려워 풀어보려고 시도한 사람이 그리 많지 않았기 때문이다.

1924년에 아인슈타인의 일반 상대성 이론으로부터 우주론적 모형을 수학적으로 유도하는 데 성공한 과학자는 러시아의 수학자이며 물리학자인 프리드만(Aleksandr Aleksandrovich Friedmann)이었다. 프리드만은 우주가 균일하고 어느 방향으로 봐도 똑같다는 가정 하에 아인슈타인의 장 방정식을 풀어 우리의 우주가 팽창하고 있다는 결론을 2년 후에 논문으로 발표하였다. 즉, 최초로 우주 팽창설을 주장하였던 것이었다. 우주 팽창설을 주장한 최초의 과학자이기는 하였으나 그 당시 러시아는 주류 과학계에서 동떨어져 있었고, 논문을 발표한 다음 해 갑작스럽게 장티푸스로 사망하였기 과학계에서 큰 주목을 받지는 못했다.

1927년 벨기에의 가톨릭 신부이며 천체 물리학자였던 조르주 르메트르(Georges Lemaitre)는 앞서의 프리드만과는 독립적으로 아인슈타인의 장 방정식을 풀어 보다 물리적이고 실제적인 의미의 새로운 팽창 우주론을 제안하였다. 르메트르의 우주 팽창설이 프리드만의 우주 팽창설과 다른 점은 현재의 우주가 팽창하고 있다면 과거의 우주는 현재의 우주보다 작았을 것이라고 생각한 것이었다. 아주 먼 과거로 거슬러 올라가면 우주가 아주 작아져서 하나의 원자만큼 작았던 시기가 있었을 것이라고 생각한 것이다. 르메트르는 우주의 모든 것이 들어있는 이 원자를 '원시 원자' 또는 닭이 달걀에서 나오듯이 우주가 원시 원자에서 나왔다고 해서 '우주의 달걀(Cosmic Egg)'이라고도 불렀다. 즉, 르메트르의 팽창 우주론은 우주의 기원까지 언급한 것이었다.

　당시 르메트르는 팽창하는 우주를 나타내는 논문에서 이론적으로 허블의 법칙을 유도하였고, 그때까지 알려진 성운들의 적색 편이를 이용하여 허블 상수를 최초로 계산하기도 하였다. 이러한 르메트르의 업적을 기려 2018년 10월 29일 국제 천문학 연합에서는 지금까지 '허블의 법칙'으로 표기하던 것을 '허블-르메트르의 법칙'으로 표기하도록 권장하기로 결정하였다.

방정식을 푸는 사람마다 답이 다르다?

우리는 방정식을 풀면 하나의 정답이 나온다고 생각한다. 아인슈타인이 처음 '장 방정식'을 만들어 이미 풀어 보았는데, 프리드만이나 르메트르는 왜 똑같은 방정식을 풀고, 우주가 팽창하고 있다고 똑같이 주장하는 것일까?

그것은 아인슈타인의 장 방정식이 그리 간단한 방정식이 아니기 때문이다. 장 방정식 안에는 공간의 구조를 나타내는 함수나 질량과 에너지 분포를 포함하는 복잡한 함수가 포함되어 있다. 따라서 장 방정식을 풀어 나오는 답도 함수로 표현되게 된다. 그러나 공간의 구조, 우주 내의 질량과 에너지 분포를 정확하게 알 수 없기 때문에 이 문제를 푸는 과학자는 항상 어떤 '가정'하고 문제를 풀게 된다. 과학자의 가정에 따라 방정식의 답이 달라지는 것이다.

프리드만은 '우주가 균일하고 어느 방향으로 봐도 똑같다.'는 가정을 하고 문제를 풀었는데 , 그가 얻은 답인 함수를 과학자들은 '프리드만의 방정식'이라고 부른다. 프리드만은 자신이 정한 가정 하에 아인슈타인의 장 방정식을 풀어 얻은 답(역시 방정식)을 근거로 우주가 팽창한다고 주장한 것이다.

 **허블 : 우주가 팽창한다는 증거를 찾아내다.**

인간의 사고와 수학적 논리로 만들어진 아인슈타인의 일반 상대성 이론에 의해 우주가 팽창할 수도 있고 수축할 수도 있다는 가능성은 알게 되었지만 그 당시에는 이에 대한 어떤 증거도 없었다. 따라서 우주의 기원에 관한 과학자들의 관심은 아직은 시기상조일 수밖에 없었다. 하지만 우리의 우주가 팽창하고 있다는 결정적인 증거가 발견되면서부터 우주의 기원에 관한 과학자들의 관심은 급격히 커져갔다.

1929년 미국의 천문학자 허블(Edwin Powell Hubble)은 '멀리 떨어진 은하일수록 더 빠른 속도로 멀어진다.'는 법칙을 발견하였는데, 이 법칙은 우리의 우주가 팽창하고 있다는 강력한 증거로 과학자들이 우주의 기원에 대해 본격적으로 탐구할 수 있는 계기가 되었다.

허블이 '멀리 떨어진 은하일수록 더 빠른 속도로 멀어진다.'는 법칙을 알아내려면 최소한 세 가지를 알아야만 했다.

첫 번째는 하늘에서 반짝이는 것은 모두 하나하나의 별이 아니라 어떤 것은 별들이 수백만 개 내지 수천만 개가 모인 은하라는 것을 알아야 했고, 두 번째는 은하들까지의 거리를 알아야 했으며, 세 번째는 은하들이 멀어지는 속도를 알아야 했다.

어떤 과학자가 매우 중요한 법칙이나 이론을 발견했다고 해서, 그 과학자가 발견한 법칙이나 이론이 오직 그 과학자 혼자만의 업적이라고 볼 수는 없다. 새로운 법칙이나 이론은 항상 이전의 다른 과학자들이 이룩한 결과를 바탕으로 만들어지기 때문이다. 허블의 법칙도 예외가 아니다. 허블의 법칙이 발견되기 이전에 알려진 중요한 과학적 성과는 세페이드 변광성에 관한 것들이었다.

세페이드 변광성이란 지름이 태양보다 수백 배 정도 크며 규칙적으로 팽창·수축하여 빛의 밝기가 주기적으로 변하는 별이다. 1912년 하버드 대학 천문대의 여성 연구원 헨리에타 스완 리빗(Henrietta Swan Leavitt)은 변광성의 변광 주기가 길수록 광도가 더 크다는 주기-광도 관계를 알아냈다. 그녀는 전문적인 교육을 받은 천문학자는 아니었고, 밤하늘의 별을 찍은 사진을 분석하여 정리하는 연구원 중의 한 명이었을 뿐이었다. 그럼에도 불구하고 단순히 계산만 한 것이 아니라 자신이 얻은 계산값들에 관심을 가지고 자세히 분석함으로써 새로운 과학 법칙을 발견한 것이었다.

그 당시에 소마젤란 성운(당시에는 소마젤란 은하까지 거리를 몰랐고 단지 우리 은하 내에 있는 성운이라고 알고 있었다.)에서 수백 개의 세페이드 변광성이 확인되었는데, 천문학자들은 같은 성운 내에 있는 이들 변광성이 태양계로부터 거의 같은 거리에 있다는 가정 하에 겉보기 밝기가 별의 절대 밝기에 비례함을 알고 있었다. 리빗은 세페이드 변광성이 밝은 것일수록 변광 주기가 길다는 것(주기-광도 관계)을 발견함으로써 세페이드 변광성을 표준 광원으로 이용할 수 있음을 시사하였다. 하지만 당시 리빗은 소마젤란 성운까지의 거리를 알지 못했으므로 광도 자체를 계산하지는 못했다. 이후 천문학자들은 가까운 거리에 있는 성단 안에서 세페이드 변광성을 발견함으로써 정확한 광도를 계산해 냈고, 이를 통해 주기-광도 관계를 확립할 수 있었다. 리빗의 주기-광도 관계는 후에 허블이 안드로메다 은하(그 당시에는 안드로메다 성운이라고도 불렸다)까지의 거리를 측정하는 데 발판이 되었다.

리빗이 발견한 주기-광도와의 관계를 그래프로 나타내면 [그림 1] 과 같다.

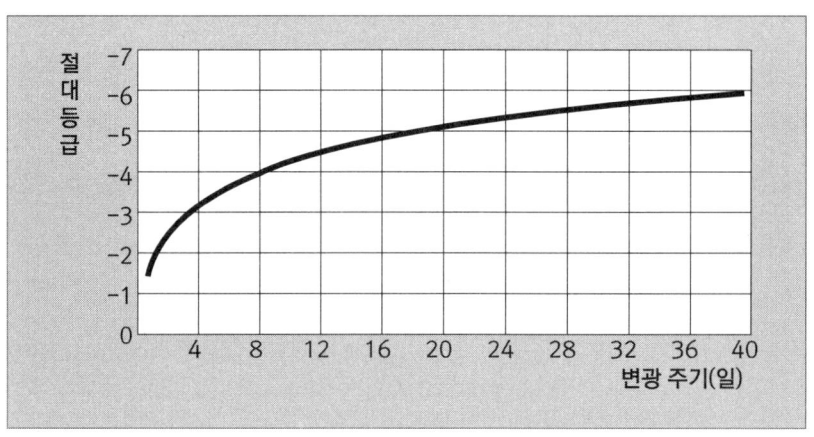

[그림 1] 세페이드 변광성의 변광 주기와 절대 등급

변광성이란 무엇인가?

빛의 밝기가 변하는 별을 변광성이라 하는데, 규칙적으로 밝기가 변하는 것도 있고 불규칙하게 밝기가 변하는 것도 있다. 또한 규칙적으로 밝기가 변하는 변광성에도 두 가지 종류가 있다. 두 개의 별이 비교적 가까이 위치하고 있으며 공통의 질량 중심을 돌고 있을 때, 어두운 별(동반성)이 밝은 별(주성)을 돌면서 주기적으로 밝은 별(주성)의 빛을 가려 빛의 밝기가 주기적으로 변하는 별을 '**식(蝕) 변광성**'이라고 한다. 여기서 '식(蝕)'은 가린다는 뜻이다. 일식, 월식을 떠올려 보자.

어두운 별이 밝은 별을 주기적으로 가려 밝기가 주기적으로 변하는 식변광성과는 달리 별 자체의 밝기가 주기적으로 변하는 변광성을 '**맥동 변광성**'이라고 하는데, 이는 우리의 맥박이 규칙적으로 뛰는 것과 비슷하다고 해서 붙인 이름이다. 맥동 변광성이 주기적으로 빛의 밝기가 변하는 이유는 별이 주기적으로 팽창·수축하면서 크기와 밝기가 변하기 때문이다. 맥동 변광성 중에서 지름이 태양보다 수백 배 정도 크며, 밝았다 어두워졌다 하는 주기가 길고, 천천히 어두워지다가 빠른 시간에 최고 밝기에 도달하는 변광성을 '**세페이드 변광성**'이라고 한다.

신성이나 초신성과 같이 별이 폭발하거나 어떤 이유에서인지 복사 에너지가 갑자기 분출하여 순식간에 밝아지는 별을 '**폭발 변광성**'이라고 한다.

지금까지 약 3만개 이상의 변광성이 발견되었는데, 천문학자들은 위의 세 가지 변광성 외에도 서로 다른 이유에서 빛의 밝기가 변하는 변광성들을 다양하게 분류하고 있다.

앞서 '멀리 떨어진 은하일수록 더 **빠른** 속도로 멀어진다.'는 허블의 법칙을 알아내려면 우리의 은하 외에도 다른 은하가 있다는 사실, 은하들까지의 거리, 은하들이 멀어지는 속도를 알아야 한다고 했다. 그렇다면 허블은 이 세 가지 문제를 어떻게 해결하였을까? 여기서 두 번째 문제인 은하들까지의 거리는 리빗과 다른 천문학자들에 의해 이미 해결된 문제이다.

허블은 이전의 과학자들이 해결해 놓은 발견들을 바탕으로 안드로메다 성운(현재는 안드로메다 은하)의 한 변광성에 대해 연구하였다. 우주 공간에서 별들 사이에 기체나 티끌과 같은 물질들이 집중되어 있어서 구름처럼 보이는 것을 **성운**이라고 불렀다. 그때까지는 아직 망원경이 성능이 좋지 않아 성운이 우리 은하와 마찬가지로 수많은 별들이 모여 있는 또 다른 은하라는 사실을 몰랐기 때문이다. 허블이 안드로메다 성운 내의 한 변광성까지 거리를 계산하여 보니 무려 90만 광년으로 나타났다. 이 거리는 지름이 대략 20만 광년이라고 알려진 우리 은하 내에 안드로메다 성운이 있다고 하기에는 너무 먼 거리였다. 그럼에도 이렇게 먼 안드로메다가 선명하게 관측된다는 것은 그만큼 밝다는 것이고, 이는 안드로메다에는 별이 많다는 것을 의미한다. 그래서 자연스럽게 안드로메다는 우리 은하 내의 성운이 아니라 수많은 별들을 포함하고 있는 독립적인 다른 하나의 은하라는 것이 밝혀지게 된 것이다.

우리의 은하 밖에 또 다른 외부 은하가 존재한다는 허블의 발견은 그 당시 천문학계의 커다란 논쟁이었던 나선 은하가 우리의 은하와는 다른 섬우주인지 아니면 우리 은하 내의 천체인지에 대한 문제를 깔끔히 해결하였다. 이러한 외부 은하의 발견은 우리가 알고 있는 '허블의 법칙'만큼 중요한 업적으로 그때까지 과학자들이 생각한 우주의 크기를 더욱 확장시키게 된 커다란 업적이었다.

이제 허블의 법칙을 발견하는 데 필요한 마지막 문제인 은하의 움직이는 속도를 어떻게 측정하였는지 알아보자.

움직이는 물체의 속도를 측정하는 방법은 이미 잘 알려져 있던 '도플러 효과'로 해결할 수 있었다. 도플러 효과란 움직이는 물체에서 오는 파동인 빛과 소리의 진동수가 변하는 현상이다. 앰블런스가 관찰자에게 다가올 때와 멀어질 때 소리의 높낮이가 달라지는 현상이 바로 도플러 효과 때문이다. 앰블런스가 관찰자에게 다가올 때에는 파장이 짧아져(즉, 진동수가 많아져) 높은 소리가 나고, 앰블런스가 관찰에게서 멀어질 때에는 파장이 길어져(진동수가 적어져) 낮은 소리가 난다.

빛도 파동의 일종이므로 같은 현상이 일어난다. 어떤 광원이 관찰자에게 다가오면 모든 파장의 빛이 전체적으로 파장이 짧은 청색 쪽으로 쏠리고, 광원이 관찰자에게서 멀어지면 모든 파장의 빛이 전체적으로 파장이 긴 쪽으로 쏠린다. 물론 광원은 그대로 있고 관찰자가 다가가거나 멀어져도 같은 현상이 일어나며, 광원이나 관찰자의 움직이는 속도에 따라 청색 혹은 적색 쪽으로 쏠리는 정도가 더 커진다.

다음의 그림은 은하에서 나오는 빛의 스펙트럼이 은하의 운동에 따라 청색이나 적색 쪽으로 쏠리는 도플러 효과를 보여주는 것이다.

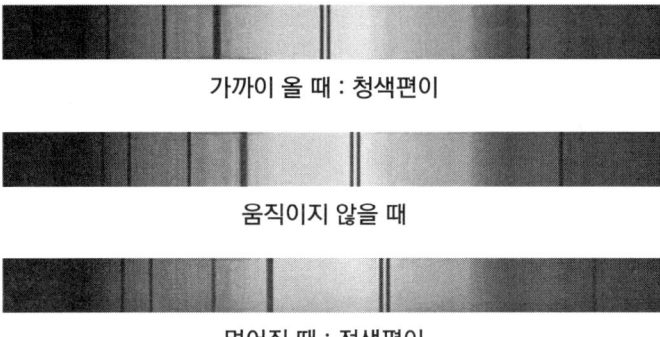

[그림 2] 도플러 효과에 의한 은하 스펙트럼의 변화

안드로메다 성운이 우리 은하 밖의 또 다른 은하이며, 우리의 은하 바깥에 수많은 은하가 존재한다는 것을 알게 된 허블이 은하에 대해 더 많은 연구를 하게 되는 것이 자연스러운 과정이다.

1920년대 말 허블은 멀리 있는 은하에 속한 별에서 나오는 빛의 스펙트럼을 분석하여, 모든 은하의 스펙트럼 파장이 붉은색 쪽으로 쏠린다(적색 편이)는 것을 확인하였다. 이것은 은하들이 우리로부터 엄청난 속도로 멀어지고 있다는 것을 나타내는 것이었으며, 이것은 바로 우주가 팽창하고 있음을 의미했다. 더구나 은하까지의 거리가 멀면 멀수록 더 빠른 속도로 멀어지고 있다는 것도 알아냈다. 이것을 식으로 나타내면 다음과 같다.

$$V = r * H$$

(V : 은하의 후퇴속도 [km/s], r : 은하까지의 거리, H : 허블상수)

[그림 3]은 허블이 측정한 은하들의 거리와 후퇴 속도를 나타낸 그래프이다.

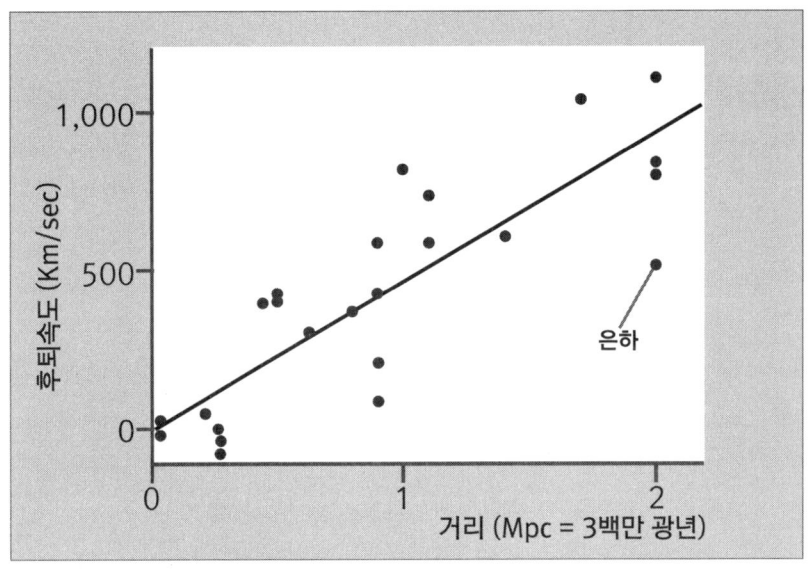

[그림 3] 은하들의 거리와 후퇴속도 비교 (1)
(주: 가로축에 표시된 Mpc(메가파세크)는 항성과 은하의 거리를 나타내는 단위로, 1 Mpc는 약 300백만 광년이다.)

그림에서 보듯이 우리 은하에서 300만 광년 떨어진 은하는 초속 약 400Km의 속도로 멀어지는 반면, 600만 광년 떨어진 은하는 초속 약 800Km로 멀어지고 있음을 알 수 있다.

허블의 법칙이 발견될 당시의 망원경으로는 우리 은하에서 비교적 가까운 은하들만 관측할 수 있었다. 그러나 관측 기술의 발달로 수

십억 광년 떨어진 은하를 관측할 수 있게 된 오늘날에도 허블의 법칙은 잘 들어맞고 있다. 아래의 그림은 허블이 측정했던 은하들보다 훨씬 더 먼 거리에 있는 은하들의 후퇴 속도를 나타낸 것이다. 허블의 법칙을 나올 당시와는 달리 초신성을 이용하여 약 20억 광년 내에 존재하는 은하들의 멀어지는 속도를 나타낸 것으로, 더 큰 범위에서도 허블이 법칙이 잘 들어맞음을 보여주고 있다. 그래프 왼쪽 아래의 작은 사각형으로 나타낸 부분은 허블이 처음 측정했던 은하들을 나타낸다.

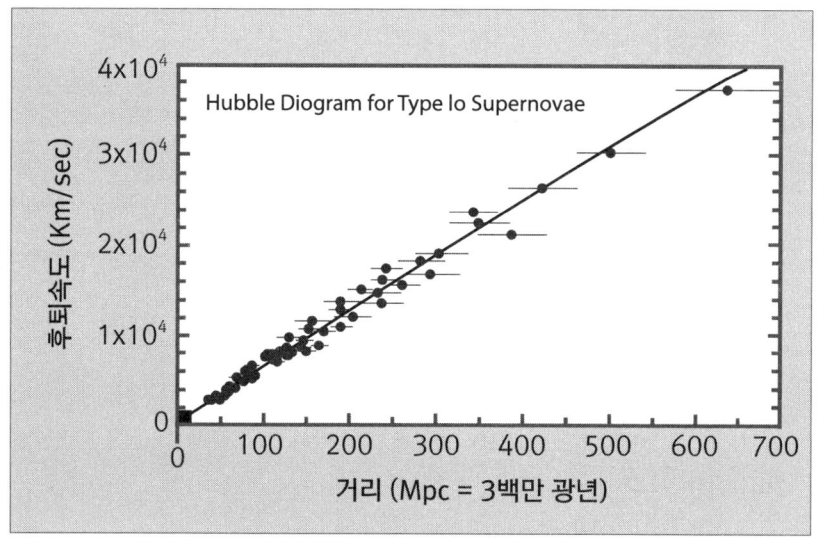

[그림 4] 은하들의 거리와 후퇴속도 비교 (2)

허블이 발견은 그때까지 우리의 은하가 바로 우주였던 인류의 생각을 완전히 바꾸어 놓은 놀라 만한 사건이었다. 이때 인류의 놀라

움은, 대대로 작은 시골을 한 발자국도 벗어나지 않고 살던 사람이 어느 날 아침 눈을 떠보니 대도시의 한가운데 서 있을 때의 놀라움에 비유할 수 있을 것이다. 그래서 현재 가장 정교한 천문 관측을 할 수 있는 지구 궤도상의 우주 망원경에 '허블 우주 망원경'이란 이름을 붙여 그의 업적을 기리고 있다.

허블 우주 망원경 (Hubble Space Telescope)

1990년에 발사된 허블 우주 망원경은 구경이 2.4m인 반사경을 가진 가시-적외선 망원경으로 현재도 활발히 임무를 수행하고 있다. 허블 우주 망원경은 다른 관측기기로 볼 수 있는 것보다 300~400배나 넓은 공간을 볼 수 있도록 고안되었으며, 천문관측을 할 때 지구 대기 때문에 생기는 여러 가지 문제에 방해받지 않는다.

허블 우주 망원경이 가장 중요한 임무는 '우주 구조 및 심우주 고대 외부 은하 근적외선 탐사(Cosmic Assembly Near-IR Deep Extragalactic Legacy Survey, CANDELS)'라고 이름으로 붙여진 프로젝트로, '초기 우주에서 은하의 진화와 빅뱅 이후 10억 년도 되지 않는 극초기 우주의 구조에 대한 씨앗을 탐사하는 것'을 목표로 하고 있다.

허블 우주 망원경으로 관측한 결과, 이 망원경이 발사되기 전에는 100~200억 년 정도로 막연하게 생각하던 우주의 나이가 138억 년 정도임을 알게 되었다. 또한 허블 우주 망원경으로 관측한 수많은 자료는 천문학자들에게 새로운 천문학상의 여러 문제를 해결하는 데 사용되고 있다.

[그림 5] 허블 우주 망원경 (NASA 제공)

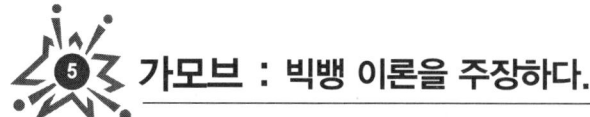# 가모브 : 빅뱅 이론을 주장하다.

    1915년 아인슈타인의 일반 상대성 이론에 의해 우주가 팽창할 수도 있다는 가능성이 제시되고, 1924년과 1927년에 프리드만과 르메트르에 의해 팽창 우주론이 나왔으며, 1929년 허블에 의해 우주가 팽창된다는 실제 관측 결과가 나왔음에도 불구하고, 무려 17여 년이 지난 1946년이 되어서야 처음으로 우주의 기원에 대한 이론이 나왔다. 얼핏 보면 그동안 과학자들은 무엇을 하고 있었나 하는 생각도 들 수 있지만, 과학계에서 어떤 주장을 하려면 아인슈타인이나 프리드만, 르메트르처럼 수학으로 든든히 무장한 이론이 있거나, 허블처럼 분명한 관측이나 실험 결과가 있어야만 자기 주장을 펼 수 있기 때문이었다.

    1946년, 러시아 출신의 미국 물리학자 조지 가모브(George Gamow)는 지도 교수였던 프리드만의 팽창 우주론을 더욱 발전시켜 처음으로 '우주 진화론'을 주장하였다. 지금의 우주는 수십억 년 전에 온도와 밀도가 높은 한 점에서 폭발하여 팽창하면서 만들어졌다는 것이다.
    가모브는 수학적 계산을 통해 주장한 우주 진화론의 내용은 '대폭발 직후 우주의 온도는 매우 높아 원자핵과 원자가 결합하지 못하고 분리되어 있는 프라즈마 상태였다. 그때에는 빛이 전자나 원자핵과 같은 입자의 방해를 받아 자유롭게 움직이지 못하고 불투명하고 뿌연 상태였다. 대폭발 이후 38만 년이 지나 우주의 온도가 약 3,000 K로 낮아졌을 때, 비로소 수소 원자핵이나 헬륨 원자핵이 전자와 결합하여 중성 원자를 만들었다. 이때부터 빛이 전자와의 상호 작용에서 벗어나 자유롭게 되었으며 우주가 맑게 갠 하늘처럼 투명해지기 시작했다. 그리고 팽창을 계속하여 오늘에 이르렀다.'는 것이었다.

그리고 우주의 온도가 약 3,000K일 때 나온 빛은 우주 팽창에 따라 온도가 낮아져, 현재는 수 K에 해당되는 빛이 우주의 어느 방향에서나 같은 세기로 고르게 관측될 수 있을 것이라고 예견하였다. 이것을 '우주 배경 복사'라고 한다.

하지만 당시에는 그 정도로 낮은 온도의 빛을 검출할 수 있는 방법이 없었으므로 다른 과학자들은 그다지 관심을 두지 않았다. 더구나 가모브의 우주 진화론을 위태롭게 만든 문제는 우주의 나이였다. 당시 허블의 법칙에 의해 추정된 우주의 나이는 약 18억 년이었고, 방사성 연대 측정으로 얻어진 지구의 나이는 30억 년이 넘었으므로 우주의 나이가 지구나 별들의 나이보다 적은 모순을 드러내고 있었던 것이다. 사실 이것은 허블의 거리 측정에 심각한 오류가 있었기 때문이다.

허블에 의해 우주가 팽창한다는 것은 밝혀졌으나, 우주가 한 점에서 폭발하여 진화한다는 가모브의 주장은 받아들여지지 않았던 것이다. 가모브의 이론에 대해 그 당시 천문학계에서 이름이 높았으며, 우주는 항상 같은 상태를 유지한다는 '정상 우주론'을 주장하던 호일(Fred Hoyle)이라는 과학자는 1949년 영국의 한 방송국 시사프로그램에서 "요즘 젊은 과학자들 중에 우리 우주가 '펑!(Bang!)'하고 만들어졌다고 주장하는 과학자들이 있다고 해요."라며 조롱하는 투로 말했다고 한다. 조롱한 것이 아니라 일반 청취자들이 쉽게 이해할 수 있도록 그 단어를 사용한 것이라고도 한다. 이런 연유로 사람들은 가모브의 이론을 '빅뱅 이론'이라고 부르기 시작하였는데, 그 이론을 비판하던 사람이 사용한 용어가 정식 이름이 되는 아이러니도 있었다.

어쨌든 가모브의 우주 진화론은 처음으로 우주의 기원을 언급한 이론이었으나, 이를 증명할 정확한 관측 자료가 없으므로 과학계에는 잊혀진 이론이 되고 말았다.

1946년 가모브가 빅뱅 이론을 발표한 이후, 우주 배경 복사가 실제로 관측되어 인정받기까지 단 11번만 다른 과학자들의 논문에 인용되었다는 사실만 보아도 과학계가 빅뱅 이론에 대해 어떤 태도를 취했는지 알 수 있다.

빛에도 온도가 있을까?

많은 책에서 우주 배경 복사를 설명할 때 '3000K의 빛' 또는 '2.74K의 빛'과 같이 마치 빛이 온도가 있는 것처럼 서술하는 경우가 많다. 여기에서 'K'는 절대 온도를 나타내는 단위이다. 절대 온도 0도(0K)는 섭씨 -273.15도에 해당하는 온도로 원자의 모든 움직임이 멈추는 온도이다. '3,000K의 빛'이라고 하면 마치 빛에 온도가 있는 것처럼 들린다. 정말 빛에도 온도가 있을까?

'3,000K의 빛'이라고 표현하는 것은 사실 '온도가 3,000K인 물체에서 나오는 전자기파'라는 것을 나타낸 것으로, 쉽게 풀어 쓴다고 한 것이 오히려 사람들로 하여금 헷갈리게 하는 것이다.

적외선 카메라로 우리의 얼굴을 찍으면 얼굴의 어떤 부분은 붉게 나타내고 어떤 부분은 푸르게 나타나는 것을 볼 수 있다. 이것은 얼굴 부위마다 조금씩 온도가 달라 각각의 부위에서 나오는 적외선이 조금씩 다른 것을 컴퓨터로 처리하여 우리가 볼 수 있는 가시광선의 형태로 보여주는 것이다. 어떤 특정한 온도의 물체는 항상 그 온도에 해당하는 전자기파를 방출하는데, 우리가 그것을 흔히 '복사'라고 부른다. 우리의 몸이 36.5℃를 유지한다는 것은 어디에선가 에너지가 공급되고 있다는 뜻인 동시에 36.5℃에 해당하는 전자기파를 방출하고 있다는 뜻이다. 잘 알다시피 우리가 체온을 유지하고 있는 것은 우리가 섭취한 영양분에서 얻은 에너지가 공급되고 있기 때문이다.

하지만 에너지가 공급만 되고 어디론가 방출하지 않는다면 우리 체온은 계속해서 올라갈 것이다. 36.5℃를 유지하는 우리의 몸은 '36.5℃의 빛'을 항상 방출한다고 표현할 수 있다.

그런데 물체마다 빛을 흡수하거나 반사하는 정도가 다르므로 과학자들은 모든 전자기파를 반사 또는 산란하지 않고 100% 흡수하여 다시 방출하는 가상의 물체를 '흑체'라는 개념을 도입하여 설명한다. 흑체가 빛을 내보내는 것을 흑체 복사라고 하는데, 흑체 복사의 스펙트럼은 모든 파장의 빛이 나오는 연속 스펙트럼으로, 빛의 진동수별 세기의 곡선은 물체의 온도에만 의존하고 흑체를 구성하는 물질의 종류, 모양 등에는 전혀 무관하다.

[그림 6]은 온도에 따라 방출되는 빛의 파장과 빛의 세기를 나타내는 것으로 '플랑크 곡선'이라고 한다. 그림에서 보듯이 온도가 올라갈수록 최대 세기의 파장은 짧아지고, 방출되는 에너지의 양(곡선 내부의 면적으로 나타냄)은 커진다.
정확히 온도가 2배 높아지면 최대 파장은 1/2배 짧아지고, 단위 면적당 나오는 에너지는 2의 4제곱인 16배나 많이 나온다.

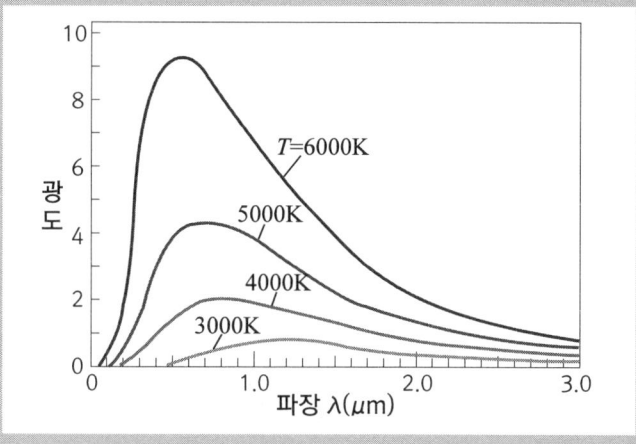

[그림 6] 흑체의 복사 에너지 분포 (플랑크 곡선)

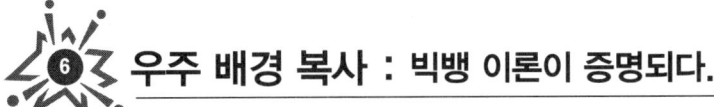
우주 배경 복사 : 빅뱅 이론이 증명되다.

가모브의 대폭발 이론이 과학계에서 까맣게 잊혀졌을 때 놀라운 반전이 일어났다. 가모브가 예측하였던 우주 배경 복사가 실제로 발견된 것이었다.

1964년 미국 벨(Bell) 연구소에서 근무하던 펜지어스(Arno Allan Penzias)와 윌슨(Robert Woodrow Wilson)은 인공위성에서 보내오는 약한 신호를 잘 잡기 위해 안테나 수신기에 들어오는 잡음을 없애는 연구를 하던 중, 하늘의 모든 방향에서 일정한 잡음이 들린다는 것을 발견하였다. 그들은 이것이 안테나 수신기 자체의 문제라 생각하고 안테나에 떨어진 비둘기 똥도 치우고, 비둘기를 쫓아내려고 총도 쏘는 등 잡음을 없애려고 온갖 노력하였으나 문제를 해결할 수 없었다. 결국 근처 대학의 천문학과 가비 교수에게 해결책을 문의하였다. 마침 우주 배경 복사를 찾고 있던 가비 교수는 그들의 발견에 놀라 관측 내용을 발표하도록 하고 자신은 별도로 그 관측 내용이 우주 배경 복사라는 것을 증명하는 논문을 써서 발표함으로써, 가모브의 대폭발 이론이 옳았음을 세상에 알렸다.

펜지아스와 윌슨은 그전까지 우주 배경 복사에 대해서 전혀 모르고 있었고, 자기들의 발견이 얼마나 중요한지에 대해서도 뉴욕 타임즈의 기사를 보고서야 알아차렸다고 한다. 우주 배경 복사가 발견됨으로써 대폭발 이론과 대립하고 있던 정상우주론은 종말을 고했고, 대폭발 이론이 우주론의 정설로 받아들여지는 계기가 되었다. 우주가 영원하고 밀도가 일정하다는 정상 우주론으로는 과거의 우주가 현재보다 더 뜨거웠다는 증거인 우주 배경 복사를 설명하지 못하기 때문이다. 펜지어스와 윌슨은 우주 배경 복사를 발견한 공로로 1978년 노벨 물리학상을 수상하였다.

 ## 왜 우주 배경 복사가 그렇게 중요한가?

우주 배경 복사는 단순히 우주가 대폭발에 의해 만들어졌다는 것만을 증명하는 것이 아니라, 우주 초기에 어떤 일이 일어났는가에 대한 자세한 정보도 제공하는 중요한 자료이다. 이론에 따르면 우주 배경 복사는 우주의 모든 방향에서 같은 세기로 오기는 하지만, 우주의 어떤 부분에서 오는 복사선은 다른 부분에서 오는 복사선과 약간 다른 파장이 검출되어야 한다. 파장이 조금씩 다르다는 것은 온도가 조금씩 다르고 밀도도 조금씩 다르다는 것을 보여주기 때문이다. 지도가 정확하면 정확할수록 우리가 가고자 하는 장소를 정확히 찾을 수 있듯이, 미세한 우주 배경 복사의 차이를 자세히 알면 알수록 다른 우주 관측 자료를 결합하여 우주에 대해 더 자세히 알 수 있게 된다. 예를 들면 온도가 약간 높은 지역과 반대로 낮은 지역의 크기와 온도를 비교하면 초기 우주의 인력 세기를 알아낼 수도 있고, 물질이 얼마나 많은지도 추측할 수 있다. 우주 배경 복사로부터 얼마나 많은 물질과 암흑물질, 암흑에너지가 우주를 구성하고 있는지도 추정할 수 있다. 한마디로 우주 배경 복사의 미세한 차이를 알아내는 것은 우주의 비밀을 찾아가는 지도인 것이다.

자세한 우주 배경 복사 지도를 얻기 위해 미국항공우주국(NASA)에서는 1989년 우주 배경 복사 탐사선(Cosmic Microwave Background Explorer; COBE)을 쏘아올려 다양한 지점의 우주 배경 복사를 관측하여 현재 우주의 온도 분포를 밝혀내는 데 성공했다.

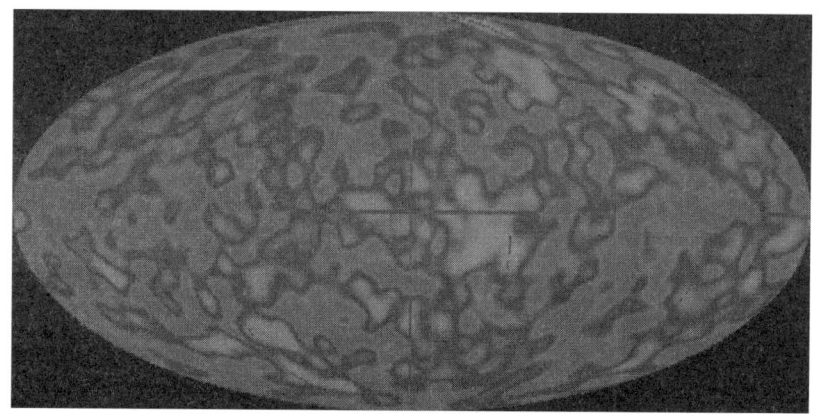

[그림 7] COBE 탐사선이 촬영한 배경 복사 (NASA 제공)

다음 그림은 COBE 위성을 통해 우주 배경 복사를 나타낸 것으로 절대 온도 2.74K의 플랑크 곡선과 정확히 일치함을 보여 준다. 이 그림에서 곡선은 2.74K의 플랑크 곡선을 나타낸 것이고, 각각의 점은 COBE 위성의 관측을 통해 얻어낸 값이다.

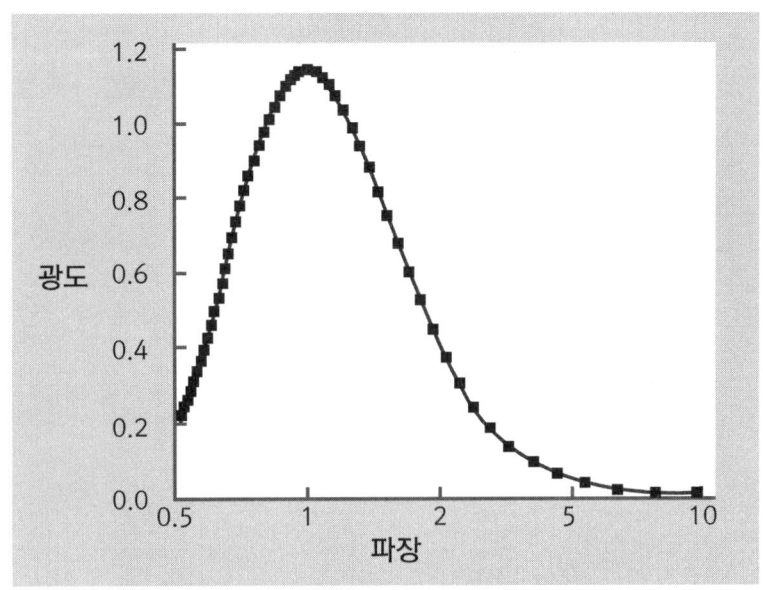

[그림 8] COBE가 측정한 우주 배경 복사와 플랑크 곡선

　COBE는 대단한 성공을 거두었지만 학자들은 여기서 만족하지 않고 이보다 더 민감한 장치를 실은 위성을 지구 궤도에 올려 더욱 정밀한 관측을 수행하고 있다.

　유럽우주국(ESA)의 플랑크 위성은 2009년부터 2013년까지 약 4년여 동안 우주 공간에서 우주 배경 복사를 정밀하게 관측하여 다음과 같은 정밀한 우주 배경 복사 지도를 얻었다.

[그림 9] 플랑크 위성이 촬영한 우주 배경 복사 (NASA 제공)

이 사진에서 깨알처럼 조금만 점들의 진하기가 다른 것은 각각의 위치의 온도가 조금씩 다른 것을 나타낸다. 한 곳의 온도가 절대 온도 2.74000K도라면 다른 곳의 절대 온도는 2.74001K, 또 다른 점은 2.74002K 등과 같이 조금씩 온도가 다른 것을 각각 다른 색으로 표현한 것이다. 밝은 점과 어두운 점은 10만분의 1도가 다르다는 것을 나타낸다. 과학자들은 이러한 미세한 차이가 오늘날의 우주를 만든 바탕이 되는 것으로 생각하고 있다. 즉, 우주의 별, 별들이 모인 은하, 은하가 모인 은하단 등이 모두 이러한 미세한 온도 차이에서 비롯된 것이라고 한다.

우주 배경 복사가 발견됨으로서 빅뱅 이론은 우주의 기원을 설명하는 이론으로 확고하게 자리 잡게 되었으며, 과학자들은 그 바탕 위에 이론의 세세한 부분들을 새로운 관측 결과와 이론을 통하여 발전시키고 있다.

빅뱅 이론의 발전 과정 요약

1915년 아인슈타인의 일반 상대성 이론 발표
우주가 팽창하고 있을 수 있음을 시사. 아인슈타인은 우주가 늘 같은 상태를 유지할 것이라 생각하여 우주 상수 도입

1924년, 1927년 프리드만과 르메트르, 팽창 우주론 주장
아인슈타인의 장 방정식의 풀이로부터 우주가 팽창하고 있다고 예언

1929년 허블의 법칙 발견
팽창하는 우주에 대한 관측 증거가 나옴

1946년 가모브, 빅뱅 우주론 주장
우주가 대폭발로부터 만들어졌으며, 우주 배경 복사가 존재한 것을 예측

1964년 펜지어스와 윌슨, 우연히 우주 배경 복사 발견
빅뱅 이론이 옳았음을 결정적으로 증명

현재 우주 공간과 시간 그리고 에너지가 138.4억 년 전에 빅뱅으로부터 만들어진 것으로 여겨짐

2부

빅뱅 이론의
발전

① 먼저 알아야 할 것들

▶ 무(無)란 무엇인가?

　고등학교를 마치고 대학에 들어와 교양 과목으로 자연 과학을 수강하는 학생들을 대상으로 '빅뱅 이론'에 들어본 적이 있냐고 물어보면, 대부분의 학생들이 들어본 적이 있으며, 우리의 우주가 만들어진 기원에 관한 것이라는 것을 알고 있다. 하지만 자세히 설명해 보라고 하면 '그냥 쾅!하고 폭발해서 우주가 생겼대요.'라는 정도의 대답밖에는 들을 수 없다. 폭발이 있었다면, '어디'라는 장소도 필요하고 '무엇'이라는 실체도 있어야 할 것이다. 도대체 '어디'에서 '무엇'이 폭발하였다는 것인가?라고 물으면 학생들은 꿀먹은 벙어리가 된다. 빅뱅 이론에서는 '무'에서 무엇인가가 폭발하듯 갑자기 우주가 생겨났다고 한다. '무엇'이 폭발하였는지는 이 책을 읽다보면 알게 되니까, 여기에서는 '어디'가 무엇을 의미하는지 먼저 알아보도록 하자.

　'무(無)'는 쉽게 말해서 아무 것도 없다는 뜻이다. 아무 것도 없다! 말은 간단하지만 사실 그 의미를 이해하는 것은 쉽지 않다. 결론부터 이야기하자면, '무'란 물질, 시간, 공간이 없는 상태라는 뜻이다.

'물질이 없는 상태'의 의미는 비교적 이해하기 쉽다. 이 세상의 모든 물질이 사라졌다고 생각해보자. 이 세상을 이루고 있는 물질은 모두 원자로 구성되어 있는데 그 원자들이 모두 없어졌다고 생각하는 것이다. 우리 주위에 있던 책상, 집, 나무, 산, 바다, 나아가 우리 지구, 하늘에 떠 있는 달과 태양, 별 모든 것이 없어진 것이다. 물론 빛을 내던 모든 것도 없어졌으므로 빛도 없다. 심지어는 이 책을 읽고 있는 본인조차도. 이 정도는 모두 상상할 수 있을 것이다. 어쨌든 이런 상태가 '물질'이 없는 상태이다.

이번에는 '시간'이 없는 상태가 무엇인지 알아보자. 우리는 시간이 있다는 것을 어떻게 알까? 우리 지구가 스스로 자전을 해서 한 바퀴 도는 동안을 하루라고 하고, 하루를 24로 나누어 1시간이라고 한다. 또 지구가 태양 주위를 한 바퀴 도는 동안을 1년이라고 한다. 즉 시간은 무엇인가의 움직임(변화)을 통해 알 수 있는 것이다. 오늘날 시간의 표준은 '세슘 원자시계'를 이용하여 정했다. 1967년 국제 도량형 총회에서 '1초'는 세슘 원자가 9,192,631,770회 진동하는 동안의 시간으로 정의하였다. 결국 세슘 원자시계로 정한 시간이라는 것도 세슘 원자의 진동이라는 움직임(변화)를 통해 정해진 것이다. 앞서 '물질'이 없는 상태라는 것은 쉽게 이해했었다. 따라서 물질이 없다면 어떤 움직임(변화)도 없으므로 당연히 시간도 없는 것이다. 혹시 물질이 없더라도 시간은 흘러간다고 생각할 수도 있을지 모른다. 그렇다고 하더라고 그 '시간'이라는 것은 아무런 의미를 가지지 못한다. 즉, 시간이 없는 상태라는 것은 진짜 시간이 없을 수도 있고, 설사 있더라도 아무런 의미가 없다는 것이다.

이제 '공간이 없는 상태'가 무엇인지 알아보자. 시간과 마찬가지로 물질이 없다면 공간이 존재할 수 있을까? 우리가 어떤 물질이 차지하고 있는 공간의 양을 부피라고 한다. 그런데 물질이 없다면 그 공간은 있는 것일까? 없는 것일까? 유리병 안이 어떤 물질도 없는 진공이라 하더라고 유리병 안에는 공간이 있다고 볼 수 있다. 즉 유리병이 경계를 만들어 그 안에 공간을 만든 것이다. 하지만 경계가 없는 우주라면 어떨까? 아무런 경계도 없다면 공간이 있다고 해야 할까? 없다고 해야 할까? 사실 이 '공간이 없다'는 개념은 '시간이 없다'는 개념보다 훨씬 이해하기가 어렵다. 우리뿐 아니라 물리학자들에게도 마찬가지였다.

만유인력의 법칙을 발견한 뉴턴은 물체의 운동을 서술하기 위해 공간이란 모든 만물을 담고 있는 상자와 같은 것이라 생각하고 '절대 공간'이라는 개념을 도입하였다. 뉴턴의 첫 번째 운동 법칙인 관성의 법칙이 성립하려면 절대 공간이 반드시 필요했기 때문이다. 즉, 정지 상태와 등속 운동 상태를 구별하려면 절대적으로 움직이지 않는 기준이 있어야 하는데 그 역할을 할 수 있는 것은 절대 공간뿐이었기 때문이다.

그러나 아이슈타인이 상대성 이론을 발표하면서부터 시간과 공간에 대한 생각이 획기적으로 바뀌게 되었다. 아인슈타인은 일반 상대성 이론에서 시간과 공간은 따로 떨어진 것이 아니라 수학적으로 동등한 특성을 가진 하나임을 밝혀낸 것이다. 즉, 시간과 공간은 하나로 합쳐져도 되는 유사한 개념이 아니라 우주를 이해하기 위해서는 반드시 하나로 생각해야 하는 좌표계로 '시공간'이라 부르게 된 것이다.

물론 우리가 살아가는 현실 세계에서는 시간과 공간을 동일시하기 어렵다. 인간에게는 시간을 인식하는 감각 기관을 따로 가지고 있지 않지만, 공간을 인식하는 감각 기관은 다양하게 발달되어 있다. 그래서 시간의 이동은 인간의 의지로 제어할 수 없고 누구에게나 공평하게 흐른다고 생각되는 데 반해, 공간의 이동은 개인의 의지에 따라 자유롭게 제어할 수 있다고 느끼기 때문에 시간과 공간이 하나라는 개념은 현실적으로는 인식하기 어렵다.

하지만 우주론적 관점에서는 시공간이란 파도와 같이 물결치고, 휘고, 뒤틀릴 수 있는 실재적인 것이다. 시공간은 물질이 많을수록 더 많이 휘게 된다. 그래서 질량이 큰 태양은 주위의 공간을 휘게 한다. 지구가 태양을 도는 것은 그 주위의 공간이 휘어져 있기 때문이다. 하지만 이러한 시공간도 물질이 있어야만 존재하게 된다. 이전까지는 모든 물질적인 것들이 우주에서 사라지면 오직 시간과 공간만 남을 것으로 믿어져 왔지만, 아인슈타인의 상대성 이론에 따르면 시간과 공간도 물질과 함께 사라진다.

아무튼 원래의 주제인 '무란 무엇인가?'라는 물음으로 돌아가 보면, '무'란 물질과 시공간이 없는 상태라고 할 수 있다. 비록 상상하기도 어렵고 과학이라기보다는 철학에 더 가까운 것이라고 생각되기도 하지만, 우주의 기원을 알기 위해서는 '무'에 대한 이해가 필요하다. 왜냐하면 빅뱅 이론에서는 우리 우주가 '무'에서 태어났다고 설명하고 있기 때문이다.

▰ 양자 역학이란 무엇인가?

역학이란 물체에 힘이 작용하였을 때, 움직이는 물체의 운동에 관해 연구하는 학문이다. 어떤 물체의 역학적 상태를 나타내는 가장 중요한 개념은 위치와 운동량이다. 여기서 운동량이란 물체의 속력, 질량, 운동 방향을 나타내는 값이다. 어떤 물체의 위치와 운동량을 알면 앞으로 이 물체가 어떻게 될 것인지 자세히 알 수 있다.

높은 장소에서 어떤 물체를 떨어뜨리면 우리는 얼마 후에 땅에 떨어질지 정확히 계산할 수 있다. 또 포물선을 그리며 날아가는 포탄도 얼마나 높이 올라갈지, 최고 높이까지 도달하는 데 시간이 얼마나 걸리는지, 어느 위치에 떨어질지 정확하게 계산할 수 있다. 태양계를 탐사하기 위해 쏘아올린 우주 탐사선들도 그 궤도를 정확하게 계산할 수 있으며, 필요에 따라 궤도를 수정할 수도 있다. 이와 같이 우리가 지금까지 경험하고 있는 물체의 운동에 관계된 역학을 '**고전 역학**' 또는 '**뉴턴 역학**'이라고 한다. 고전 역학의 가장 큰 특징은 어떤 물체의 위치와 운동량을 동시에 알 수 있다는 것이다. 그렇기 때문에 우리는 등속 운동이든, 가속도 운동이든, 원 운동이든 운동하는 물체가 어떻게 움직일 수 있는지 정확하게 계산할 수 있는 것이다.

고전 역학에서 바라보는 세상은 마치 수많은 톱니가 서로 맞물려 정교하게 돌아가는 거대한 기계와 같다. 즉 고전 역학에 의해 지배되는 우주는 확정적이고, 우리가 경험하고 있는 역학 현상에 대해 필요한 모든 운동 정보를 알아낼 수 있다고 생각하는 것이다.

하지만 더 많은 과학적 지식이 축적됨에 따라 고전 역학으로는 설명할 수 없는 현상들이 나타났다. 대표적인 것이 빛에 관한 것이다. 우리는 빛이 입자와 파동의 성질을 모두 가지고 있다는 것을 알고 있다. 플랑크(Max Plank)의 양자 이론이나 아인슈타인의 광전효과는 모두 빛이 입자의 성질을 가진다는 것을 보여준다. 하지만 빛의 간섭이나 회절은 빛이 파동의 성질을 가진다는 것을 보여준다.

빛이 입자와 파동의 성질을 동시에 가지고 있다는 빛의 이중성이 밝혀진 후, 과학자들은 빛이 입자의 성질과 파동의 성질을 가지고 있다면 '모든 물체도 원래는 입자의 성질을 가지고 있지만 파동의 성질도 가질 수 있지 않을까?'라는 가설을 세우게 되었다. 이러한 가설은 수학적 논리와 정교한 실험 결과로 완전히 들어맞는다는 것이 증명되었다. 이러한 이론은 전자와 같이 아주 작은 물체의 경우에는 실험으로도 관측할 수 있지만, 물체의 크기가 커지면 파장이 너무 짧아져 관측하기가 힘들어진다. 예를 들어 초속 150Km로 움직이는 야구공의 경우, 파장은 약 1.1×10^{-34}m로 매우 짧기 때문에 실제의 관측은 어렵다.

결론적으로 말하면 운동 중인 모든 물체는 파동성을 가지고 있어 간섭과 회절과 같은 파동의 고유한 성질을 나타내지만 물체의 크기가 커지면 물질파의 파장이 너무 짧아 파동의 성질은 잘 나타나지 않고 입자의 성질만 나타나는 것처럼 보이게 된다. 실제로 간섭과 회절이 잘 나타나는 경우는 물질파의 파장이 비교적 긴 미시적 세계의 작은 입자의 운동에서만 효과적으로 나타난다. 원자를 이루는 소립자와 같이 작은 입자의 운동을 나타내는 역학을 **'양자 역학'**이라고 한다.

어떤 물체의 위치와 운동량을 알아보려면 우리는 그 물체를 보아야 한다. 물체를 본다는 것은 측정한다는 뜻이다. 예를 들면 과속하는 차량을 잡아내는 데 사용되는 과속 방지 카메라 중에는 적외선 레이저를 사용하는 이동식 카메라가 있다. 이것은 차량의 위치와 운동량을 알아내는데 적외선을 사용하고 있다. 적외선 레이저를 달리는 차량에 쏘아 반사되어 돌아오는 빛의 진동수 변화(도플러 효과)를 이용하여 일정한 위치에서의 차량의 속도를 알아내는 것이다. 즉 위치와 운동량을 알아내기 위해서는 반드시 보아야(측정해야) 하는 것이다.

자동차에 적외선 빔이 닿았다가 반사되어 되돌아갔다고 하더라도 자동차가 그 영향으로 방향을 바뀌거나 속도가 변하는 경우는 없다. 하지만 전자나 소립자와 같은 미시적 세계에서는 그렇지가 않다. 전자의 위치를 알아내기 위해 쏜 전자기파가 전자에 충돌하는 순간 그 충격에 의해 지금까지의 운동 상태에 변화가 일어난다. 그런데 그들이 어떤 상태로 충돌했는지는 알 수가 없기 때문에 전자가 가지고 있던 원래의 운동량에 정확하게 알아낼 수 없는 것이다. 즉 위치를 알아내기 위해 사용한 실험 방법 자체가 운동량의 변화를 초래하는 것이다. 뿐만 아니라 더욱더 정확한 위치를 알아내기 위해서는 더 짧은 파장의 전자기파를 사용해야한다. 전자기파는 파장이 짧을수록 더 큰 에너지를 가지고 있기 때문에 전자의 운동 상태를 더 크게 교란시켜 운동량의 오차는 더욱 커지게 된다. 즉 위치를 더 정확하게 측정하고자 할수록 운동량은 더 많이 변하게 되고, 반대로 운동량을 정확하게 측정하고자 할수록 위치는 더 불명확해진다는 것이다.

작은 입자의 역학적 정보를 알아내기 위해 측정하는 과정에서 발생하는 이러한 현상 때문에 위치와 운동량을 동시에 정확하게 측정하는 것은 불가능해진다. 이것은 측정 도구가 정밀하지 못해서가 아니라 입자와 파동의 두 가지 성질을 모두 가지고 있는 이중성에 의한 필연적인 수학적 결과이다. 이와 같이 위치와 운동량이라는 두 가지 역학적 정보를 동시에 정밀하게 측정할 수 없다는 것을 **불확정성의 원리**(Uncertainty Principle)라고 한다.

양자 역학의 불확정성의 원리 때문에 양자역학적 우주관은 모두 확률적이다. 즉 어떤 현상도 100% 확신을 가지고 일어난다고는 단언하지 못한다. 고전 역학에서는 거시적인 현상을 확정적으로 설명하지만 미시적인 세계에서의 물체의 운동에는 적용할 수 없다. 미시 세계에서의 자연 현상은 오로지 양자 역학으로 확률적으로만 설명할 수 있다는 것이다.

플랑크의 양자 이론

1900년 독일의 과학자 플랑크는 흑체 복사에 대해 설명하기 위해, 흑체에서 나오는 빛의 에너지가 어떤 최소 에너지 단위의 정수 배로만 주어진다고 가정하였다. 즉 빛의 최소에너지 단위를 E_0라고 하면 흑체 복사의 빛 에너지는 E_0, $2E_0$, $3E_0$,… 등이라는 것이다. 이러한 가정을 바탕으로 플랑크는 최소의 에너지 단위 E_0는 빛의 진동수에 v에 비례한다는 것을 밝혀냈다. 나중에 이 비례상수를 플랑크 상수(Plank constant)라고 부르게 되었는데, 이 값은 $h = 6.63 \times 10^{-34}$ J·s로 매우 작은 값이다. 플랑크의 가정에 따라 계산한 흑체의 스펙트럼은 실험 결과와 매우 잘 일치하여 그의 가정이 옳다는 것이 입증되었다. 즉 빛은 진동수에 의해 결정되는 기본 에너지 단위를 가진 입자의 흐름처럼 방출되고 전체 에너지는 기본 입자의 정수배로서 불연속적으로 주어진다는 이론을 양자 이론(Quantum Theory)이라고 한다. 플랑크의 양자 이론도 아인슈타인의 상대성 이론과 마찬가지로 어떤 가정을 바탕으로 이론을 전개했을 때, 그 이론이 맞으면 처음의 가정도 옳다는 과학 이론의 한 예이다.

일반적으로 양자(quantum)란 에너지와 같이 정량화된 물리적 개념의 작은 덩어리 혹은 단위를 말한다. 빛의 경우에는 광양자(quantum of light) 또는 광자(photon)이라고 한다. 광자라는 이름은 빛 에너지의 작은 덩어리라는 의미이지만 실제로는 빛을 입자로 보았을 때 그 입자 자체를 의미하기도 한다.

플랑크 상수는 물리학에 있어 가장 중요한 상수의 하나로, 최근에는 질량의 단위인 '1Kg'을 새롭게 정의하는 데 사용되기도 한다. 지금까지는 '1Kg'의 정의를 백금 90%와 이리듐 10%의 합금 소재로 높이와 지름이 각각 39.17mm인 원기둥 물체를 표준으로 질량을 정의하였다. 이 표준 원기는 프랑스 파리에 소재한 국제도량형국(BIPM)에 보관되어 있었는데, 100년이 넘는 시간이 흐르는 동안 미세하게 질량이 가벼워졌다고 한다. 이에 정확한 측정을 담당하는 국제도량형총회(CGPM)에서는 영원히 변하지 않는 기본 물리상수인 플랑크 상수로 '1Kg'로 대체하여 2019년 5월 20일부터 적용하기로 하였다.

그런데 플랑크 상수는 에너지의 단위이다. 어떻게 에너지의 단위를 질량의 단위를 정하는 데 사용할 수 있을까? 그것은 바로 우리가 잘 알고 있는 아인슈타인의 $E = mc^2$ 식을 이용하면 된다. 에너지와 물질은 서로 변환될 수 있는 것이므로 에너지의 단위를 이용하여 질량을 나타내는 단위로 사용할 수 있는 것이다.

② 우주의 간추린 역사

1940년대에 가모브에 의해 빅뱅 이론이 등장하고 1960년대에 우주 배경 복사가 발견되자, 과학자들은 빅뱅 이론을 우리 우주의 탄생과 발전에 대한 가장 믿을만한 이론으로 받아들이기 시작했다.

과학자들은 빅뱅 이론을 더욱 발전시켜 현대에는 [그림 10]과 같은 모형을 제시하기에 이르렀으며, 이를 **'표준 빅뱅 이론'**이라고 한다. 표준 빅뱅 이론을 간단히 설명하면 우주는 태초의 한 점부터 시작하며, 이 한 점에서 대폭발을 일으켜 시간과 공간이 생겨나고, 매우 빠른 속도로 팽창하면서 현재의 우주가 만들어졌다는 것이다.

과학자들은 원자보다도 훨씬 작은 크기의 우주가 극도로 높은 밀도와 온도에서 태어났다고 가정한다. 지극히 높던 밀도와 온도는 우주의 팽창과 더불어 점점 낮아져갔다. 우주의 팽창과 그에 따른 밀도의 감소, 즉 우주의 냉각에 의해 소립자들이 생성되었고 이들이 결합하여 일상적인 물질의 구성 단위인 원자 중에서 가벼운 몇 종류가 생성되어 별과 같은 천체의 재료가 되었다. 빅뱅 우주에서 만들어지지 않은 나머지 원소들은 별의 진화 과정에서 만들어져 우주에 흩어져 있다가 행성이 만들어지는 재료가 되었고 마침내 행성에서 생명이 태어나게 되었던 것이다.

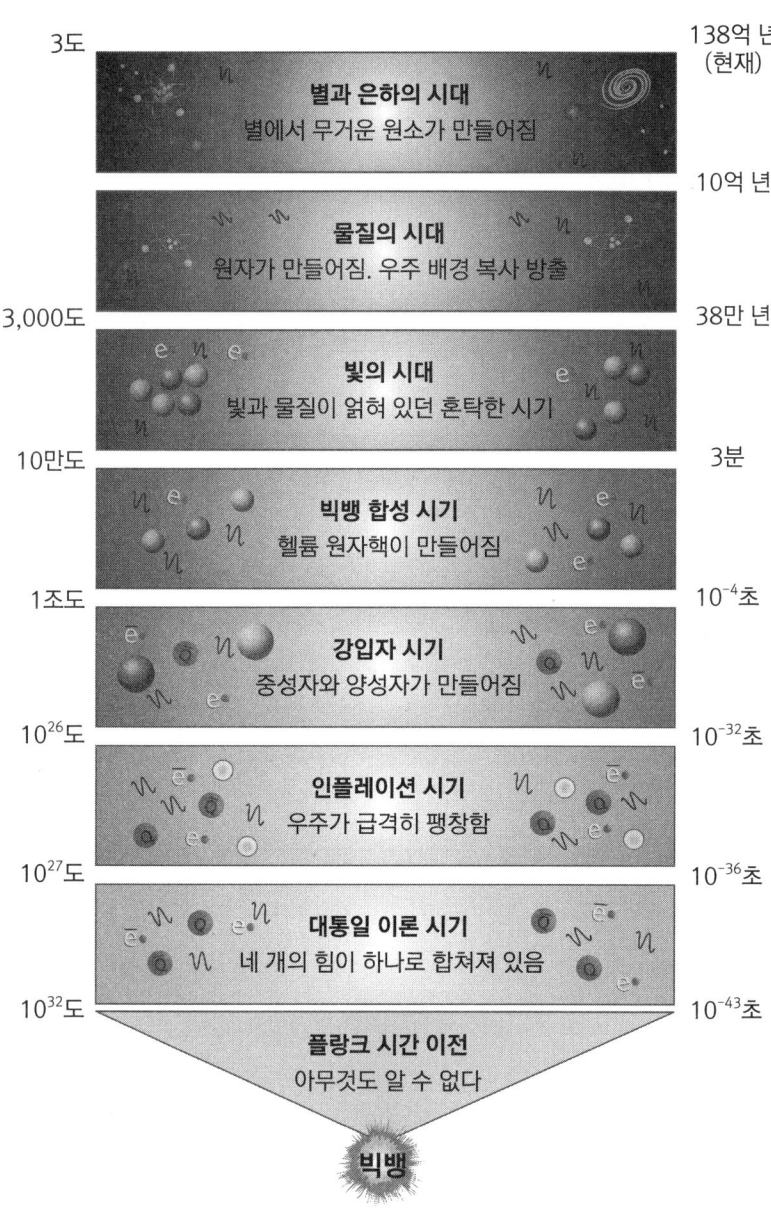

[그림 10] 우주의 간추린 역사

표준 빅뱅 이론에 의한 우주의 역사를 나타낸 그림을 보면 매우 간단한 것 같지만 모든 단계에서 또 다른 이론들도 많이 존재한다. 한마디로 표준 빅뱅이론은 수없이 많은 이론들로 이루어진 종합적인 이론이며, 새로운 발견에 따라 수정되고 있는 이론인 것이다.

그림에서 보면 우주가 태어난 후 시간이 얼마 지났을 때 온도는 얼마이고 그때 무슨 일들이 일어났는지 나타내고 있다. 그림에 나타난 정확한 숫자들은 과학자들이 엄밀한 계산을 통해 얻어낸 시간이나 온도의 값들이다.

과학자들은 도대체 어떻게 이러한 값들을 얻어냈을까? 우리가 계산할 수는 없겠지만 과학자들이 어떤 방법으로 이러한 값들을 얻어냈는지는 쉽게 유추할 수 있다.

과학자들이 우주 역사의 어떤 시기에 어떤 일이 일어났는지 설명하기 위해서 가장 중요한 것은 지금까지 알아낸 과학적 사실과 배치되지 않아야 한다는 것이다. 예를 들면 빛의 속도, 만유인력 상수, 플랑크 상수, 지금까지 알려진 입자들의 성질 등이 그대로 적용되어야 하며, 에너지 보존 법칙이나 만유인력의 법칙 등에 어긋나지 않아야 한다는 것이다. 지금까지 알아낸 과학적 사실을 바탕으로 우주가 처음 생겨난 후 얼마만한 시간이 지난 후, 우주의 크기와 온도는 얼마이고 그때 어떤 일이 일어났는지 알아내는 것은 비교적 간단하다. 시계를 거꾸로 돌려 보는 것이다.

과학자들은 현재 우주의 크기와 온도, 우주 전체에 들어 있는 물질의 양, 우주가 팽창하는 속도 등에 대해 이미 관측과 계산을 통해 대략 어느 정도의 값을 가지고 있는지 알고 있다. 지금까지 알려진 우주의 크기는 약 138억 광년이며 온도는 3K 정도이다. 에너지 보존 법칙에 의해 우주 전체에 들어 있는 에너지의 양은 일정하므로, 우주의 크기가 지금의 반이었을 때 온도는 두 배가 될 것이다. 더 작아지면(더 거슬러 올라가면) 온도는 물론 더 올라간다. 이와 같은 방법을 쓰면 우주가 처음 생겨났을 때로부터의 시간과 그때의 크기와 온도 등은 계산을 통해 알아낼 수 있다.

물론 어떤 시기의 온도를 알아내면 어떤 일이 일어날 수 있는지도 알아낼 수 있다. 예를 들면 우주가 생성된 후 38만 년이 지나면 우주의 온도는 3000K가 된다. 지금까지 알려진 바로는 3000K보다 온도가 높은 경우에는 수소나 헬륨 원자의 전자가 떨어져나가 원자핵과 전자가 따로 따로 떨어진 상태가 된다. 시간을 거꾸로 돌린다고 하면, 3000K보다 온도가 더 높은 과거에는 원자핵과 전자가 떨어진 상태이고 이보다 온도가 낮아지면 원자핵과 전자가 결합하여 원자가 된다고 보는 것이다. 즉 과학자들은 우주의 온도가 3000K가 될 때까지의 시간을 계산하고 이때 수소와 헬륨의 원자가 만들었다고 설명하는 것이다.

그림을 보면 온도가 10만도 정도일 때 수소와 헬륨 원자핵이 만들어진다고 나타나 있다. 온도가 10만도 정도가 되면 원자핵을 구성하고 있는 양성자와 중성자도 서로 떨어져 나간다는 사실은 이미 알려진 사실이다. 따라서 과학자들은 우주의 역사를 구성하는 데 있어 온도가 10만도가 되는 시간을 계산하고, 이때 양성자와 중성자가 합쳐져 수소와 헬륨의 원자핵이 만들어졌다고 설명하는 것이다.

물론 과학자들이 이렇게 쉽게 모든 문제를 해결할 수 있는 것은 아니다. 문제를 해결하다 보면 현재 알고 있는 지식이나 관측 사실과는 맞지 않는 것도 있을 수 있다. 이럴 때 과학자들은 새로운 이론을 만들어내고, 새로운 이론이 기존의 지식이나 관측 사실과 모순되지 않으면 과학계에서 받아들여지게 되는 것이다. 이제부터 과학자들이 알아낸 우주의 역사를 시간에 따라 하나하나 알아보도록 하자.

# 3 우주가 태어나다.

　우리의 우주가 어떻게 태어났는지에 대해서는 아무도 알 수가 없다. 우리가 알고 있는 것은 우리의 우주가 현재 존재하고 있다는 사실과 우리의 우주가 계속해서 팽창한다는 사실뿐이다. 과학자들 사이에도 우리의 우주가 어떻게 태어났는지에 대해 여러 가지 이론이 있다. 어떤 과학자는 우주가 '무엇인가'로부터 태어났으며, 그 '무엇인가'는 우리 우주 자체로 '어머니 우주'에 해당하고, 하나의 아메바가 분열하여 두 개의 아메바가 되듯이 어머니 우주가 계속 아기 우주를 만들어낸다고 주장하기도 한다. 이렇게 만들어진 아기 우주는 어머니 우주에서 떨어져 나가 새로운 우주로 성장한다는 것이다. 이런 이론 외에도 여러 이론이 있지만 과학계에서 가장 많이 받아들여지고 있는 이론은 '무한하고 부피가 없는 공간에서 하나의 점이 그냥 갑자기 생겨났다는 것'이다.

'무한하고 부피가 없는 공간에서 하나의 점이 그냥 갑자기 생겼다.'

　참 이상한 표현이다. 여기에서 '무한하고 부피가 없는 공간'이란 바로 아무것도 없음(무)을 표현하는 동시에 '사실은 정말 모르겠다!'라고 고백한 것일 뿐이다. 공간이란 용어 자체가 부피를 가지고 있음을 나타내는데, 우주가 태어나기 전에는 물질을 비롯하여 시간과 공간 자체가 없었으므로 '부피가 없는 공간'이란 모순이 내포된 말을 만들어냈다고 생각하면 된다. 그래서 그것이 무엇이냐고 물으면 안 된다. 그냥 그렇게 생각하자는 것뿐이다. 모르니까.

'무한하다'라는 용어도 크기를 알아낼 방법이 없으므로 그냥 도입한 것일 뿐이다. 만일 유한하다면 크기가 얼마냐고 질문을 할 것이고 그 질문에 대해서는 대답할 방법이 없기 때문이다. '무한하고 부피가 없는 공간'이라는 용어 때문에 '다중 우주론'을 주장하는 과학자들도 있다. 만일 무한하고 부피가 없는 공간을 사실이라고 받아들인다면, 우리의 우주가 되는 점이 꼭 하나만 생기라는 법이 없지 않은가? 하는 의문에 부딪히게 된다. 하나의 점이 생길 수 있다면, 같은 논리로 무한히 많은 점도 생길 수 있고 그것들은 각각 우리 우주와 같이 팽창하여 또 다른 우주를 만들 수 있기 때문에 우주는 하나가 아니라 여럿이라는 주장을 하는 근거가 되는 것이다.

'하나의 점이 갑자기 생겼다.'라는 것은 과학자들이 근거를 가지고 가장 확실하게 주장하는 것을 표현한 것이다. 과학자들의 이런 주장은 양자론, 즉 불확정성의 원리를 바탕으로 하고 있다. 앞 장에서 설명했듯이 하이젠베르크의 불확정성의 원리는 원자보다 작은 입자의 위치와 운동량은 동시에 정확하게 알 수가 없다는 것이다. 하나의 양을 정확하게 측정하려고 하면 할수록 다른 양이 불확실해진다는 것이다. 이것은 측정 장비가 부정확해서가 아니라 양자 물리학의 원리상 불가능한 것이다. 불확정성의 원리가 왜 이런 식으로 작용하는지는 아무도 정확하게 이해하지 못한다. 이 원리는 이른바 '경험' 법칙일 뿐이다. 즉 이 원리가 제시하는 예측은 단 하나의 예외도 없이 실험 결과와 정확하게 일치한다는 것이다. 따라서 불확정성의 원리는 오늘날 양자물리학의 기초를 이루는 중요한 법칙으로 간주되고 있다.

하이젠베르크의 불확정성의 원리는 입자의 위치와 운동량의 관계에서만 나타나는 것이 아니다. 질량과 에너지의 관계 역시 불확정성의 원리를 따른다는 것이 밝혀졌다. 즉, 양자 세계에서는 입자들이 저절로 생성되었다 소멸되었다 할 수 있다는 것이다. 물론 입자들의 질량과 존재하는 시간은 불확정성의 원리를 위배하지 않는 한도 내에서만 가능하다. 이렇게 되면 텅 빈 공간은 더 이상 텅 비어 있는 것이 아니라 현실에서 존재했다 사라졌다 하는 수많은 가상 입자로 들끓고 있는 셈이다. 그래서 과학자들은 '무'를 아무 것도 없음에도 '요동치고 있다'라는 표현을 즐겨 쓰기도 한다. 결국 과학자들이 생각하는 '무'란 무엇인가가 요동치고 있는 무한하고 부피가 없는 공간이라는 것이다.

가상 입자들이 무에서 생성되었다가 소멸한다는 증거는 서로 가까이 놓아둔 금속판에 가상 입자들이 미치는 인력을 측정하는 실험에서 실제로 발견된 바 있다. 진공에서 아무런 외부자장이 없고 대전

되지 않은 두 금속판이 수 마이크로미터만큼 떨어져 있는 경우, 고전 물리학에 따르면 두 판 사이에 아무런 인력이 존재할 수 없다. 그러나 양자론에 따르면 두 판 사이에는 가상 입자의 작용에 의하여 미세한 힘이 작용한다는 것이다. 물론 여기서 가상 입자라는 것이 실제로 무엇인지는 모른다. 하지만 가상 입자를 도입함으로써 우리가 관찰할 수 있는 현상을 수학적으로도 완전히 설명할 수 있기 때문에 이를 옳은 것으로 받아들인다. 과학자들이 이론을 세울 때, 먼저 어떤 가정을 하고 이론을 전개하였는데, 그 이론이 옳다면 처음의 가정도 옳은 것으로 본다. 아인슈타인의 상대성 이론도 이런 방법으로 만들어졌음을 이미 1부에서 설명한 바 있다. 과학자들이 여러 가지 소립자를 발견하는 방법도 이와 다르지 않다. 실험에 의해 바로 소립자를 발견하는 것이 아니라 수학적 논리성을 가진 이론으로 미리 소립자의 크기와 질량, 또는 존재할 수 있는 시간을 예측하고, 직접 실험을 함으로써 소립자를 발견하는 것이다. 우리가 알고 있는 대부분의 소립자들은 이런 과정을 통해 밝혀진 것들이다.

어쨌든 우주가 탄생한 가장 그럴듯한 시나리오는 무에서 양자론적으로 창조되었다는 것이다. 즉, 불확정성의 원리에 따라 원자보다 훨씬 작은 입자가 무에서 불현듯 출현하듯이 우주가 무에서부터 현실로 탁 튀어나왔다는 것이다. 양자 불확정성이 가상 입자들을 현실에 나타나게 할 수 있는 것처럼, 그것은 우리 우주를 탄생시킨 아주 작은 씨를 낳을 수 있다고 주장하는 것이다.

아무것도 없는 무에서 우주가 태어났다면 그것은 에너지 보존의 법칙에 위배되지 않을까? 이 시나리오에서 물질은 무에서 탄생하지만 에너지 보존의 법칙은 지켜진다. 천문학적 관측 결과에 따르면 우리 우주는 그 질량 에너지가 중력장 속에 갇혀 있는 에너지의 양과 똑같지만 반대 부호를 가지고 있어 균형을 이루고 있다고 한다. 따라서 우주의 순 에너지는 0이다. 에너지는 창조되거나 파괴되지 않은 것이다.

우리의 우주는 '요동치고 있는 무한하고 부피가 없는 공간에서 한 점이 갑자기 생겼다.'는 데서 출발한다. 이해가 가지 않더라도 이것은 그대로 받아들여야 한다. 이것이 현재의 과학자들이 가장 합리적이라고 생각하는 이론이고 또 이것을 받아들여야만 이후에 일어나는 일들을 설명할 수 있기 때문이다.

폭발인가? 팽창인가?

우리는 흔히 우주가 한 점에서 폭발하여 생겨났다고 하기도 하고, 한 점이 급격히 팽창하여 생겨났다고 하기도 한다. 얼핏 들으면 비슷한 것 같기도 하지만 잘 생각해 보면 다른 것도 같다. '폭발'과 '팽창' 중 어느 단어가 맞는 것일까?

'빅뱅(Big Bang) 이론'이란 용어 자체를 보면 마치 우주가 폭발로 인해 생긴 것 같다는 느낌을 많이 받을 것이다. '폭발'이란 무엇인가가 터져서 밖으로 날아가는 것이다. 하지만 잘 생각해 보자. 우주가 생기기 전에는 아무 것도 없었는데 도대체 무엇이 폭발한다는 것일까? '폭발'이라는 단어에는 무엇인가가 급작스럽게 바깥쪽으로 퍼져나가면서 그만큼의 공간이 커진다는 의미가 있다. 양자론적으로 저절로 생긴 우주의 작은 씨앗이 폭발했다고 생각할 수도 있겠다. 하지만 나중에 밝혀진 우주의 역사를 보면 우리 우주는 일정한 속도로 커지는 것이 아니라 어떤 순간에는 갑자기 그 이전까지 커지던 것보다 더 빠른 속도로 커진다는 것이 밝혀졌다. '폭발'이라는 단어를 사용한다면 몇 번인가의 폭발로 우주가 생겨났다고 해야 할 것이다.

사실 과학자들이 사용하는 정확한 용어는 '팽창'이다. 여기서 팽창한다는 것은 공간 그 자체가 커진다는 뜻이다. 무엇인가가 바깥쪽으로 퍼져나가면서 공간이 커지는 것이 아니라, 공간 자체가 커지면서 그 안에 있는 것들이 서로 멀어진다는 것이다. 허블에 의하면 우리 우주의 은하는 서로서로 멀어져 간다고 한다. 이 말은 은하가 서로 멀어지면서 우주가 팽창하는 것이 아니라, 우주 공간 자체가 팽창하기 때문에 그 안에 있는 은하들 사이도 멀어지는 것이라고 해석해야 한다. 즉 우주는 폭발에 의해 점점 커지는 것이 아니라, 우주를 이루는 공간 자체가 커지는 것이다.

우주가 팽창을 한다면 무엇인가 우주 공간 자체를 밖으로 밀어내는 힘이 있어야 할 것이다. 우주는 어떤 힘에 의해 팽창을 하는 것일까? 과학자들은 우주가 처음 생겨났을 때 그 안에 **'가짜 진공 에너지'**가 있었으며, 이 가짜 진공 에너지는 공간을 밀어내는 힘을 가지고 있었다고 설명한다. 물론 이 에너지의 실체를 볼 수 있는 것은 아니다. 우리의 우주가 팽창하고 있다는 사실을 설명하기 위한 방편으로 도입한 것일 뿐이다. 과학자들이라고 모든 것을 알고 있지는 않다. 다만 논리적으로 설명하기 위해 때로는 가상의 에너지나 가상의 힘, 가상의 입자들을 도입하는 것이다. 잘 알다시피 '어떤 가정 하에 만들어진 이론이 옳다면 그 가정도 옳다'라는 것이 과학에서의 문제 해결 방법이기 때문이다. 물론 이 경우 이론이 옳다는 증거는 없다. 하지만 아직까지 우리가 알고 있는 지식으로는 이와 같이 설명하면 비교적 앞뒤가 잘 들어맞기 때문에 받아들여지고 있는 것이다. 중요한 것은 우주는 무엇인가의 폭발에 의해 커지는 것이 아니라 마치 폭발하듯이 공간 자체가 급격히 커져서 만들어졌다는 것이다.

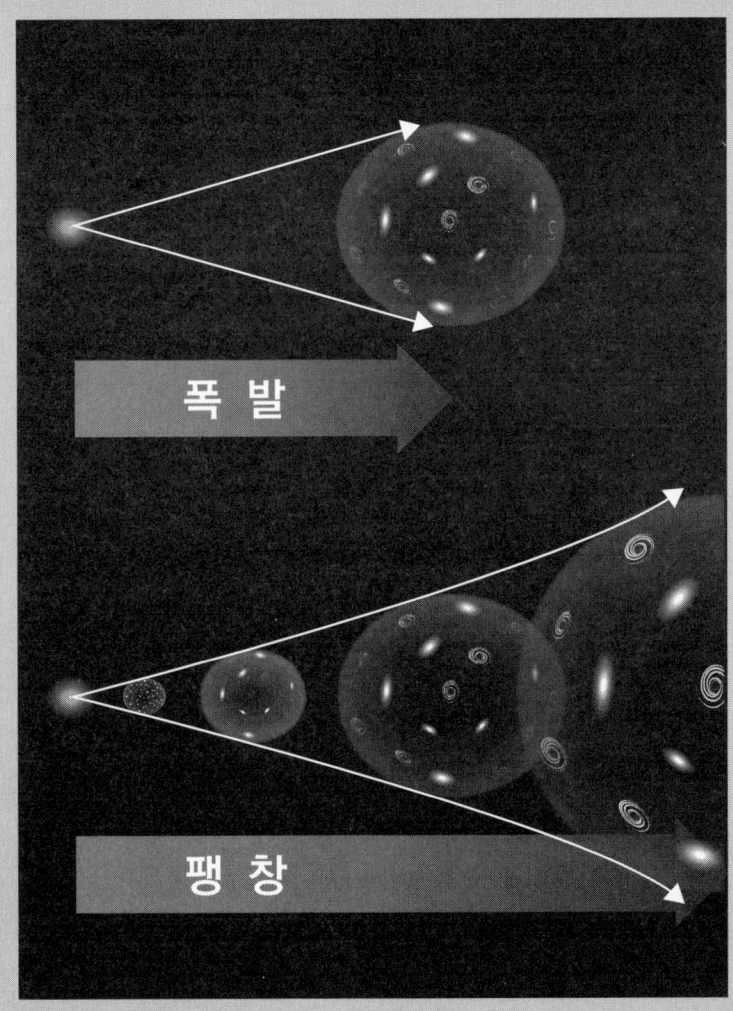

[그림 11] 폭발과 팽창

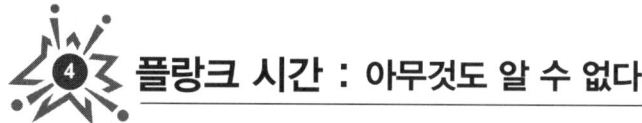
4 플랑크 시간 : 아무것도 알 수 없다.

과학자들은 상상할 수 없을 정도로 긴 시간과 어마어마하게 짧은 시간을 다룬다. 우주의 역사를 다룰 때는 138억 년이란 긴 시간을 다루기도 하고, 원자의 움직임을 다룰 때는 나노초(10^{-9}초) 단위의 시간을 다루기도 한다. 하지만 과학자들도 138억 년 이상의 시간은 다루지 못한다. 138억 년은 우주가 처음 생긴 후 지금까지 흘러간 시간이므로 그보다 더 긴 시간은 의미가 없기 때문이다.

그렇다면 과학자들이 다룰 수 있는 가장 짧은 시간은 얼마나 될까? 과학자들이 다룰 수 있는 가장 짧은 시간은 양자 역학의 창시자인 막스 플랑크의 플랑크 상수를 이용하여 계산할 수 있다. 플랑크 상수는 만유인력 상수와 빛의 속도와 더불어 물리학에 있어 가장 중요한 상수로 막스 플랑크가 흑체 복사를 기술하는 과정에서 만들어진 상수이다. 하이젠베르크가 불확정성의 원리를 밝힐 때에도 이 플랑크 상수가 이용되었다. 불확정성의 원리에 따르면 에너지와 시간의 불확실도의 관계도 알 수 있는데, 이에 따르면 10^{-43}초보다 짧은 시간은 물리학에서 의미있게 다룰 수 없다는 결론이 나온다. 즉 우주가 처음 생성되고 나서 10^{-43}초까지는 무슨 방법을 쓰더라고 어떤 일이 있어났는지 물리 현상으로 기술하는 것이 불가능하다는 것이다.

물리학적으로 유의미한 최소한의 시간인 10^{-43}초를 **'플랑크 시간'**이라고 부른다.

오늘날 과학자들이 우주에서 일어나는 모든 일들을 기술하는 데는 중력, 전자기력, 약력, 강력이라는 네 가지 힘을 이용한다. 즉 자연에서 일어나는 모든 현상은 이 네 가지 힘으로 설명할 수 있다는 뜻이다. 하지만 이 네 가지 힘도 플랑크 시간 이전에는 존재하지 않았을 것으로 과학자들은 생각하고 있다. 또한 우주의 에너지도 빛이나 입자라는 구체적인 형태를 가지지 않고, 우리가 정의할 수 없는 에너지 형태를 가졌을 것이라고 한다. 한마디로 플랑크 시간이란 우리 인간이 가지는 지식의 한계라고 할 수 있다.

이론적으로는 플랑크 시간 때의 우주의 크기와 온도도 구할 수 있다. 이때 우주의 크기는 플랑크 시간 동안 광자가 빛의 속도로 지나간 거리로부터 구한다. 과학자들이 구한 플랑크 시간 때의 우주의 크기는 지름이 약 10^{-35}m이다. 이 크기 역시 물리학적으로 의미가 있는 최소한의 길이이다. 우리가 알고 있는 전자의 크기가 10^{-18}m임을 감안할 때, 이때 우주의 크기는 전자 크기의 1억 곱하기 1억 곱하기 10분의 1 정도로 매우 작았다. 또한 이때의 온도는 10^{32}K로 알려져 있는데, 이는 현재 우주의 모든 에너지를 앞에서 구한 우주의 크기에 넣었을 때 온도로 환산하여 얻은 값이다.

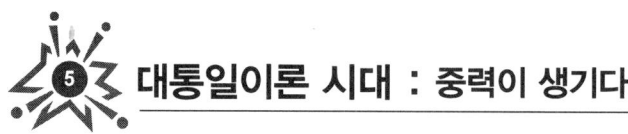
대통일이론 시대 : 중력이 생기다.

과학자들은 플랑크 시간이 지난 후에도 우주에 존재하는 네 가지의 힘은 아직도 독립적으로 존재하지 않고 통합된 하나의 힘으로 존재한다고 보고 있다. 일부 과학자들은 중력이 따로 존재하거나 플랑크 시간이 끝날 무렵 통합된 힘에서 일찍 떨어져 나왔다고 보기도 하나, 나머지 세 가지 힘은 대통일력이라는 하나의 힘으로 존재했을 것이라는 주장에 많은 과학자들이 동의하고 있다. 네 가지 힘 중에 세 가지 힘이 통합되어 있고 중력이 따로 존재하는 10^{-43}초부터 10^{-36}초까지의 이 시기를 **'대통일 이론 시대'**라고 한다. 그리고 이때 우주의 온도는 최소 10^{27}도였으며, 크기는 현재의 약 10^{27}분의 1 정도로 추정하고 있다. 이 시기에도 플랑크 시대와 마찬가지로 에너지는 현재 우리가 알고 있는 에너지의 형태가 아닌, 알 수 없는 에너지 상태였을 것이다.

대통일 시기에는 알 수 없는 에너지로부터 쌍생성을 통해서 기본입자인 쿼크와 그의 반입자(반쿼크)가 생성되었을 것으로 보고 있다. 생성된 쿼크와 반쿼크는 쌍소멸을 통해 광자로 변하기도 했지만 다시 생성되어 일정한 수가 유지되는 평형 상태에 있었다고 한다. 쌍생성과 쌍소멸은 양자론적으로 무에서 어떤 입자와 성질이 정반대인

입자가 쌍으로 생겨났다가 서로 충돌하여 소멸하는 현상이다. 쿼크와 반쿼크가 생기는 것과 같은 과정으로 전자와 같은 입자들도 생겨났다.

과학자들은 어떻게 이 기간 동안 세 개의 힘이 통합된 힘으로 존재했을 것이라고 생각할까? 사실 대통일 이론은 우주의 역사를 설명하려고 만들어진 이론은 아니었다. 대통일 이론은 일찍부터 연구된 분야로 우주의 초기를 설명하는 데 유용하기 때문에 이용하고 있는 것이다.

과학자들은 지금까지 알려진 네 가지 힘인 중력, 전자기력, 강력, 약력을 하나의 이론을 통해 입자들 사이에 작용하는 힘의 형태와 상호 관계를 하나의 통일된 개념으로 기술하려 노력해 왔다. 아인슈타인을 포함한 수많은 과학자들이 대통일 이론을 만들려고 도전해 왔으나 현재는 약력, 전자기력, 강력의 세 가지 힘을 통합하는 수준에서 그치고 있다. 과학자들이 이들의 힘이 하나의 힘으로 통합될 수 있을 것이라 생각하는 배경에는 온도에 따른 네 가지 힘의 결합 상수의 변화로 설명할 수 있다. 결합 상수란 어떤 물리적 상호 작용의 세기를 나타내는 상수로, 전자기력의 결합 상수는 기본 전하이고 중력의 결합 상수는 중력상수이다.

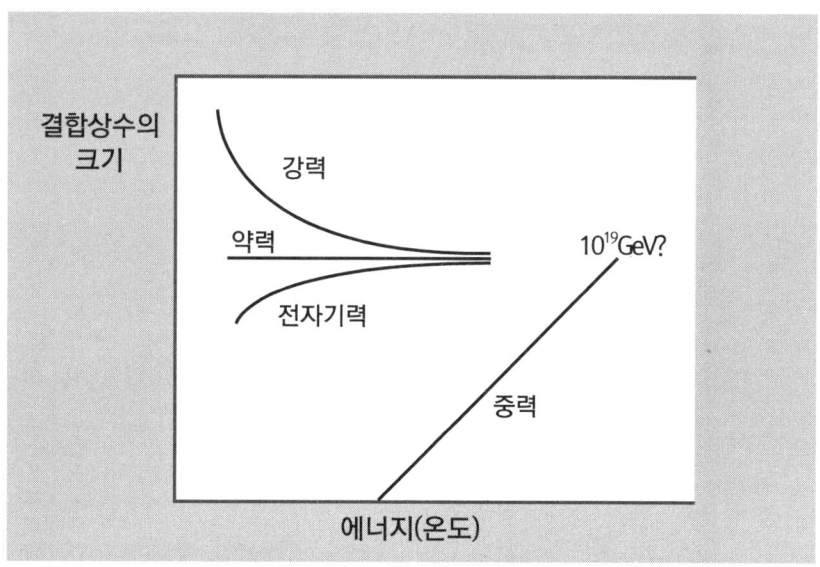

[그림 12] 온도에 따른 결합 상수의 크기 변화

그림에서 보면 강력의 결합 상수는 온도가 높아짐에 따라 점차 작아지고, 전자기력의 결합 상수는 온도가 높아짐에 따라 점차 커진다. 강력과 전자기력 사이에 있는 약력의 결합 상수는 변화가 없으므로 온도가 높은 상태에서는 세 힘이 통합될 가능성이 있음을 보여주고 있다. 그리고 중력의 경우에는 온도가 높아짐에 따라 결합 상수가 커지기는 하지만 세 힘과는 동떨어져 있어 훨씬 더 높은 온도에서 통합될 가능을 보여준다.

이렇게 온도가 높아짐에 따라 각각의 힘이 통합될 가능성이 있다면, 온도가 극도로 높았을 때는 네 개의 힘이 하나였다가 중력이 먼저 떨어져 나오고 나머지 힘들도 점차 독립되었을 수도 있다고 생각하는 것은 당연하다. 대통일 이론 자체는 온도가 높아짐에 따라 결합 상수의 변화를 이용하여 각각의 힘을 통합하려는 시도이나, 우주의 온도가 극도로 높은 상태에서 점점 낮은 상태로 변해온 우주의 역사를 설명할 때에는 반대로 통합되었던 힘이 점차 분화되는 것으로 설명하고 있는 것이다.

자연계에 존재하는 네 가지의 기본 힘

우주에는 수많은 물질들이 다양한 형태로 존재한다. 과학의 역사는 바로 이런 물질의 근원을 찾는 의문으로부터 시작했다고 볼 수 있다. 화학자들은 수많은 물질을 분해하고 분석하는 과정을 거쳐 물질이 원자로 구성되어 있음을 밝혀내었고, 물리학자들은 원자들이 양성자와 중성자로 구성된 원자핵과 전자로 되어있음을 알아내었다. 그 후 발전된 소립자 물리학은 모든 물질들이 쿼크와 렙톤이라는 몇 가지 기본 입자들로 이루어졌으며, 그들 사이에는 중력과 전자기력 그리고 강력과 약력이라는 네 종류의 기본 힘이 작용하고 있음을 알아내었다.

중력은 뉴턴에 의해 발견된 힘으로 질량을 가진 두 물체 사이에 작용하는 힘이다. 중력은 네 가지 힘 중에서는 가장 약한 힘으로 두 물체가 아무리 멀리 떨어져 있어도 작용하는 힘이다. 사과가 나무에서 땅으로 떨어지는 것과 같이 우리 일상에서도 볼 수 있는 친숙한 현상뿐 아니라 달이 지구를 도는 현상을 비롯하여 태양계와 은하 등의 움직임 등 거시적 현상을 설명할 수 있는 힘이다.

전자기력은 전기력과 자기력을 의미하는 것으로, 옛날에는 전기력과 자기력이 각각 다른 힘이라고 생각했으나 나중에 두 힘은 같은 것이라는 것이 밝혀진 후 전자기력이라고 부르게 되었다. (+)나 (−) 전하를 띤 두 입자 사이에 작용하는 힘으로 같은 전하를 띤 입자 사이에는 서로 당기는 힘이 작용하고, 서로 다른 전하를 띤 입자 사이에는 서로 미는 힘이 작용한다. 전자기력은 중력보다는 훨씬 큰 힘으로, 공중에 매단 전자석에 붙은 쇠구슬이 땅으로 떨어지지 않는 것은 전자기력이 중력보다 훨씬 큰 힘이기 때문이다.

원자의 구조를 보면 가운데에 중성자와 양성자로 구성된 원자핵이 있고, 그 주위에 전자가 돌고 있다고 (혹은 구름처럼 퍼져있다고) 한다. 그리고 원자 내에서 원자핵이 차지하고 있는 부피나 전자의 부피는 매우 작다고 한다. 즉 원자의 내부는 대부분이 아무것도 없는 빈 공간이라는 것이다. 원자의 대부분이 빈 공간이라면 원자로 구성된 손바닥을 벽에 대고 밀 때 손바닥이 벽을 뚫고 나가야 하지 않을까? 하지만 손바닥으로 아무리 세게 벽을 밀어도 그런 일은 일어나지 않는다. 이런 현상을 설명할 수 있는 것이 바로 전자기력이다. 손바닥이나 벽은 모두 원자로 구성되어 있지만 원자의 바깥 부분에는 (-) 전하를 띤 전자로 둘러싸여 있기 때문에 서로 닿았을 때 미는 힘이 작용하여 뚫고 들어갈 수 없는 것이다. 물론 원자 전체로 보면 중심의 원자핵은 (+) 전하를 가지고 있으며, 같은 전하만큼의 (-) 전하를 띤 전하가 있기 때문에 전체적으로 중성이다. 하지만 원자의 바깥 부분에는 (-) 전하를 띤 전자가 항상 존재하기 때문에 원자 전체가 거의 빈 공간이라고 하더라고 원자끼리 부딪혔을 때 서로 뚫고 들어갈 수 없는 것이다.

강력은 '강한 핵력' 또는 '강한 상호 작용'이라고도 부르는 데, 원자핵을 이루는 양성자와 중성자 사이에 작용하는 힘이다. 수소 이외의 원자핵은 모두 두 개 이상의 양성자로 구성되어 있다. 양성자는 모두 전기적으로 (+) 전하를 띠고 있으므로 여러 개의 양성자가 모여 있으면 당연히 전자기력에 의해 반발할 것이다. 그럼에도 양성자가 모여 있다는 것은 전자기력보다 양성자들을 묶어줄 더 큰 힘이 있다는 것을 나타낸다. 이 힘이 바로 강력이다. 강력은 양성자들뿐 아니라 중성자들도 묶어주는 역할도 하며, 양성자와 중성자를 이루는 더 작은 입자인 쿼크를 묶어주는 역할도 한다. 즉 강력은 양성자와 중성자 내부에 있는 쿼크를 묶어주는 힘인 동시에 양성자와 중성자를 원자핵 속에 묶어주는 강한 힘이다.

강력은 전자기력보다 100배 정도 강한 힘이기는 하나, 아주 가까운 거리에서만 작용하는 힘이기 때문에 우리 일상에서 일어나는 현상에서는 잘 나타나지 않는다.

약력은 우라늄이나 라듐 같은 원소들이 방사능 붕괴를 일으키는 힘으로 '약한 핵력' 또는 '약한 상호 작용'이라고 부르기도 한다. 방사성 원소들이 붕괴할 때 중성자가 전자를 방출하면서 양성자로 바뀌는 현상이 일어나는 현상을 설명하기 위해 도입된 힘으로, 중력보다는 강하지만 전자기력 보다는 약한 힘이기 때문에 약력이라고 부르는 것이다. 이 힘 역시 우리 일상에서 일어나는 현상에서는 경험하기 어렵다.

자연에 존재하는 네 가지 힘의 크기를 비교해 보면 강한 핵력 〉 전자기력 〉 약력 〉 중력 순이다. 중력의 힘의 크기를 1이라고 한다면, 약력은 10^{26}배나 크며, 전자기력은 10^{38}배, 강력은 10^{40}배나 크다.

하지만 일상생활에서는 중력이 제일 강한 것처럼 느껴지는데, 이는 중력이 일상생활 중에서 가장 쉽게 체험할 수 있는 힘이기 때문이다. 또한 중력과 전자기력은 무한히 먼 거리까지 작용하는 힘이지만, 강력과 약력은 원자 이하의 짧은 거리에서만 작용한다는 특징이 있다.

이 네 개의 힘은 각각 힘을 전달하는 '매개 입자'라는 것을 가지고 있다. 중력을 전달하는 매개입자를 '중력자(graviton)'라고 하며, 전자기력을 전달하는 매개 입자를 '광자(photon)'라고 한다. 또 강력은 '글루온(gluon)', 약력은 'W, Z 입자(W&Z boson)'라는 매개 입자에 의해 힘이 전달된다고 한다. 현재까지 전자기력과 강력, 약력을 전달하는 매개 입자는 실험적으로 발견되었으나, '중력자'는 아직 발견되지 않았다. 중력이 우리에게는 가까운 힘이기는 하지만 과학자들에게는 아직도 모르는 것이 많은 힘인 것이다.

현대 물리학자들은 이 네 가지 힘을 하나로 통합하여 설명하려고 애쓰고 있다. 네 개의 힘 중에서 전자기력과 약력은 이미 하나로 통합되었으며, 강력도 하나로 묶는 대통일 이론(GUT, Grand Unified Theory)을 만들려고 연구하고 있다.

 ## 인플레이션 시기 : 갑자기 팽창하다.

과학자들은 우주의 나이가 10^{-36}초에서 10^{-32}초 사이에 우주는 급격하게 팽창한 것으로 생각하고 있으며, 이 시기를 '**인플레이션 시기**(Inflation era)'라고 부른다.

이 짧은 시간 동안 우주의 크기는 이론에 따라 다르기는 하지만 지름으로 볼 때에는 10^{43}배, 부피로 볼 때에는 10^{129}배 정도로 팽창했다고 한다. 사실 이러한 팽창 속도는 실제 우리가 알고 있는 빛의 속도보다 빠른 것이다. 아인슈타인의 상대성 이론에 의하면 어떤 물체도 빛의 속도보다는 빠를 수 없다는 것이 정설인데, 어떻게 이렇게 빠르게 팽창할 수 있었을까? 과학자들에 의하면 상대성 이론에 따라 물체의 빠르기가 빛의 속도보다 느리다는 것은 움직이는 그것이 바로 물체인 경우이고, 공간 자체는 상대성 이론이 적용되지 않는다고 한다. 즉, 공간 자체는 빛의 속도보다 빠르게 팽창할 수 있다는 것이다.

우주가 이렇게 갑자기 빠른 속도로 팽창을 했다면 분명히 어디에선가 새로운 에너지가 공급되어야 한다. 어디에서 새로운 에너지가 공급되었을까? 과학자들은 새로운 에너지의 공급을 '상전이'라는 현상으로 설명하고 있다. 상전이란 고체에서 액체, 액체에서 고체 혹은 액체에서 기체, 기체에서 액체로 변하는 현상이다. 액체 상태의 물은 100℃ 이상이 되면 기체인 수증기로 변하고, 0℃ 이하에서는 고체 상태인 얼음으로 변한다. 즉 100℃ 이상에서는 액체 상태에서 기체 상태로 상전이가 일어나고, 0℃ 이하에서는 액체 상태에서 고체 상태로 상전이가 일어난다. 이때 상전이가 일어나기 위해서는 에너지가 새롭게 공급되거나 방출되어야 한다. 1g의 액체 상태에의 물을 1℃ 올리기 위해서는 1칼로리가 필요하다. 10℃에서 11℃로 온도를 올리든지, 98℃에서 99℃로 올리든지 항상 1칼로리가 필요한 것이다. 그러나 100℃의 물을 100℃의 수증기로 만들기 위해서는 더 많은 에너지가 필요하다. 같은 온도이지만 1g의 액체 상태의 물을 기체 상태인 수증기를 만드는 데는 무려 541칼로리가 필요하다. 1g의 고체 상태의 얼음을 액체 상태의 물로 만드는 데는 80칼로리의 에너지를 공급해 주어야만 한다.

이제 반대로 생각해 보자. 1g의 기체 상태의 수증기가 액체 상태로 변할 때 에너지는 얼마나 나올까? 541칼로리가 방출될 것이다. 또 1g의 물이 얼음으로 변한다면 80칼로리의 에너지가 방출될 것이다. 이와 같이 상전이에는 새로운 에너지가 공급되거나 방출되는 것이다.

과학자들은 이와 같은 '상전이' 개념을 초기 우주에 적용시켜 인플레이션의 원인을 설명하고 있다. 물론 초기 우주는 현재 우리가 알고 있는 물질이 존재하지 않았으며 '알 수 없는 에너지'의 형태를 가지고 있었던 시기이지만, 이 '알 수 없는 에너지'가 낮은 상태로 상전이를 일으키고 이때 공급된 에너지에 의해 급팽창이 일어났다고 한다.

　상전이가 끝나자 급팽창을 일으킨 '알 수 없는 에너지'가 빛 에너지로 바뀌었다. 새로이 생겨난 빛 에너지는 양자 과정에 통해 자연 발생적으로 붕괴하면서 쿼크와 반쿼크를 만들게 되었다. 동시에 우주의 기본 적임 힘 네 가지 중에서 강력이 통합된 힘으로부터 분리되었으며, 이때부터 강력이 물질의 기본 입자인 쿼크 사이에 작용하게 된 것이다. 과학자들의 계산에 의하면 대통일 이론 시대에는 쿼크와 반쿼크가 쌍생성과 쌍소멸에 의해 같은 수를 유지하고 있는 평형 상태였으나 인플레이션 시기를 거치며 반쿼크는 모두 사라지고 쿼크만 10억 개 중의 1개의 비율로 살아남았다고 한다. 상식적으로는 쌍생성에 의해 쿼크와 반쿼크는 같은 수만큼 생기며 이들은 쌍소멸에 의해 모두 없어졌을 것으로 생각할 수도 있겠지만, 물리학의 법칙에 존재하는 아주 미세한 불균형 때문에 쿼크가 반쿼크보다 조금 더 많이 생겨난다고 한다. 만일 반쿼크가 쿼크보다 조금 더 많이 생겼었다면 반물질로 된 우주가 만들어졌을 것이다. 물론 쿼크가 반쿼크보다 조금 더 많아진 이유에 대해서는 과학자들도 잘 모른다. 이때 살아남은 쿼크가 나중에 중성자와 양성자를 만들고, 그 양성자와 중성자에 의해 원자가 만들어지게 된다. 바로 현재 우리가 알고 있는 물질로 구성된 우주의 기초가 이때 만들어졌다고 볼 수 있다.

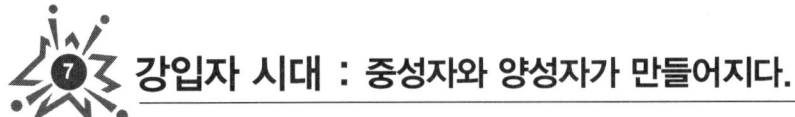# 강입자 시대 : 중성자와 양성자가 만들어지다.

급팽창이 끝나자 우주의 온도는 우리가 잘 알고 있는 입자들이 만들어질 수 있을 정도로 충분히 식었다. 우주의 나이가 10^{-32}초 ~ 10^{-4}초일 때를 **'강입자 시대'**라고 부르는 데, 이때 물질의 기본 입자인 쿼크로부터 강입자인 양성자와 중성자가 만들어졌다. 플랑크 시간으로부터 강입자 시대 이전까지는 어떤 일이 일어났는지는 실험적으로 재현할 수도 없기 때문에 주로 이론적으로만 이해되고 있다. 그러나 10^{-6}초 이후에는 기존의 이론과 입자 가속기를 이용한 실험 결과로부터 자세하게 물질의 진화 과정을 설명할 수 있게 되었다.

수소의 원자핵인 양성자는 위 쿼크(up quark) 2개와 아래 쿼크(down quark) 1개로 강력에 의해 결합하여 만들어졌으며, 양성자와 질량은 거의 비슷하지만 전기를 띠지 않는 중성자는 위 쿼크 1개와 아래 쿼크 2개가 강력에 의해 결합하여 만들어졌다. 원자를 이루는 전자는 쿼크가 만들어지던 대통일 시대에 이미 만들어졌고, 이제 양성자와 중성자가 만들어졌으므로 원자를 이루는 기본 입자들은 모두 갖춰졌다. 하지만 아직도 양성자와 중성자가 결합하여 원자핵을 만들거나, 만들어진 원자핵이 전자와 결합하여 원자를 만들기에는 우주의 온도가 너무 높았다.

강입자 시대에 만들어진 양성자와 중성자는 우주 나이 1초가 될 때까지 양성자가 전자와 결합하여 중성자로 변하고, 또 중성자가 전자와 양성자로 변하는 과정이 반복되며 평형을 이루어 양성자와 중성자가 거의 비슷한 수를 유지하고 있었다.

쿼크란 무엇인가?

물질은 쪼개고 또 쪼개어 더 이상 쪼개지지 않는 단계의 수많은 알갱이가 수없이 많이 모여 이루어진 것이다. 1800년대에 영국의 돌턴이 제시한 원자론을 바탕으로 많은 과학자들이 물질의 성질을 탐구해 왔고, 1900년 전후에는 원자는 더 작은 입자인 양성자와 중성자, 전자로 구성되어 있음을 밝혀내었다.

이후에도 과학자들은 물질의 기본 구성 입자를 찾으려는 노력을 해왔으며, 드디어 1960년대에는 양성자와 중성자는 더 작은 입자로 구성되어 있음을 이론적·실험적으로 밝혀내고 이 입자를 '쿼크(quark)'라고 불렀다.

지금까지 밝혀진 쿼크는 6종류인데, 이들은 up / down 쿼크, charm / strange 쿼크, top / bottom 쿼크 등 3개의 쌍으로 분류하고 있다.

쿼크 입자들은 우리가 흔히 알고 있는 입자들과는 전혀 다른 성질을 가지고 있다. 우리가 알고 있는 양성자나 전자는 전하를 가지고 있는데, 양성자는 $+1e$의 전하를 가지고 있으며, 전자는 $-1e$의 전하를 가지고 있다. 여기서 e는 기본 전하를 의미한다. 다른 입자들도 보통은 기본 전하의 정수배의 입자를 가지고 있는 것이 보통이다. 그런데 쿼크 입자들은 분수로 나타나는 전하를 가지고 있다. 예를 들면 up 쿼크는 $+2/3e$, down 쿼크는 $-1/3e$의 전하를 갖는다. 양성자의 경우는 2개의 up 쿼크와 1개의 down 쿼크로 구성되어 있으므로, 전체 전하는 $2 \times (+2/3) + (-1/3) = +1$의 전하를 갖게 되는 것이다. 중성자는 2개의 down 쿼크와 1개의 up 쿼크로 구성되어 있으므로, 전체 전하는 2 × (−1/3) + (+2/3) = 0이 되어 중성이 되는 것이다.

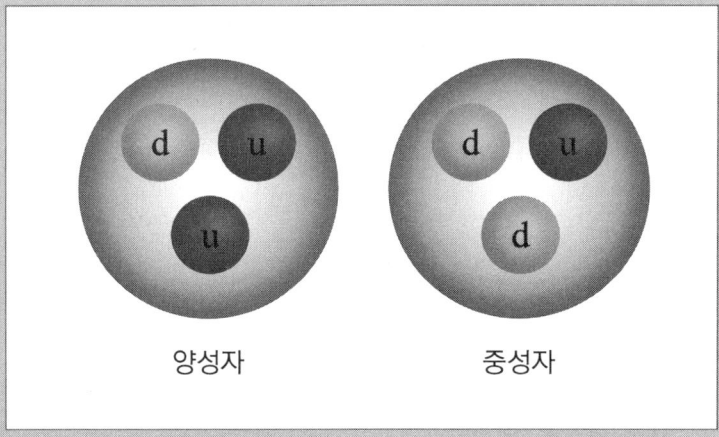

[그림 13] 쿼크로 구성된 양성자와 중성자

쿼크의 또 다른 성질은 전하량 외에도 색전하(colour charge)라는 물리량을 갖는데, 보통 '빨강', '파랑', '노랑'이라는 색으로 나타낸다. 물론 색전하는 우리가 가시광선의 색과는 관련이 없고 단지 과학자들이 쿼크의 성질을 나타내는 방법이다. 세 개의 쿼크가 모여 양성자나 중성자와 같은 입자를 만들 때에는 [그림 13]에서 보는 바와 같이 반드시 색전하 중 각각 한 가지씩만 가져야 하며, 이 색 전하를 모두 합치면 보통 색의 혼합처럼 흰색이 되어야 한다고 한다.

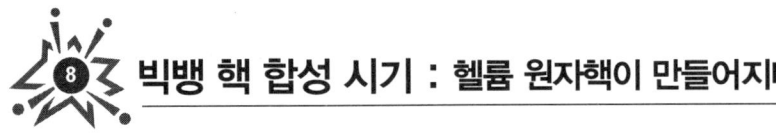
빅뱅 핵 합성 시기 : 헬륨 원자핵이 만들어지다.

우주의 나이가 1초~3분이 되었을 때 우주의 역사에서 중요한 일이 벌어진다. 양성자와 중성자가 결합하여 헬륨 원자핵이 만들어진 것이다. 이때 우주의 크기는 오늘날의 100억분의 1이고, 온도는 약 100억도 정도였다.

우주의 나이가 1초가 지나자 강입자 시대에 만들어져 균형을 이루던 양성자와 중성자의 수가 깨어지기 시작했다. 양성자는 중성자보다 질량이 조금 무겁다. 따라서 양성자가 중성자로 변하려면 0.1% 정도의 질량에 해당하는 에너지가 공급되어야 하는데, 우주의 온도가 높을 때에는 아무런 문제없이 양성자가 중성자로 변할 수 있었지만, 우주의 나이가 1초 정도 되었을 때는 밀도와 온도가 낮아져 더 이상 양성자가 중성자로 변화될 수 없게 된 것이다. 이제부터 양성자가 중성자보다 점점 더 많아지게 된 것이다.

우주의 나이가 3분 정도 되었을 때, 양성자와 양성자, 양성자와 중성자들이 결합하여 두 번째로 무거운 원소인 헬륨의 원자핵과 약간의 중수소, 리튬, 베릴륨 등의 가벼운 원자핵이 만들어지기 시작했다. 헬륨 등의 원자핵이 만들어진 우주 나이 1초부터 3분까지의 시

2부 빅뱅 이론의 발전

기를 '**빅뱅 핵합성 시기**'이라고 한다. 하지만 계속해서 우주의 밀도와 온도는 낮아졌기 때문에 빅뱅 핵합성은 20여분밖에 지속될 수 없었다. 결국 헬륨 원자핵은 더 이상 만들어지지 못하고 결국 수소 원자핵에 대한 헬륨 원자핵의 질량비가 약 22%로 고정되게 되었다. 이러한 수소와 헬륨 원자핵의 질량비는 오늘날 우주에서 가장 먼(가장 오래된 혹은 우주 초기에 생성된) 별들을 관측하여 얻은 값(22~25%)과 거의 일치한다고 볼 수 있다.

　물론 중수소나 리튬, 베릴륨 등도 만들어지기는 했으나 매우 극소량이었기 때문에 이 시기에는 우주에 존재하는 물질의 거의 100%에 달하는 질량이 수소와 헬륨의 원자핵이었다고 할 수 있다. 이 시기에 소량의 리튬과 베릴륨이 만들어졌다는 것도 이론적으로 예측한 만큼 현대의 우주 관측 결과와 잘 일치한다. 결국 빅뱅 핵합성 이론은 실제 관측결과가 잘 일치하여 빅뱅 우주론을 뒷받침하는 중요한 이론이 되었다.

왜 헬륨이 우주에서 차지하는 비율이 22%가 되었을까?

강입자 시대에 양성자(수소 원자핵)와 중성자의 평균 개수 비는 1 : 1이었으나 헬륨이 만들어지던 1초~3분일 때는 양성자와 중성자의 비율이 8 : 1로 양성자가 더 많아졌다. 이런 환경에서 2개의 양성자와 2개의 중성자가 결합하여 헬륨 원자핵이 만들어졌다. 만일 아주 작은 우주 공간에 16개의 양성자와 2개의 양성자가 있었다면, 그중 2개의 양성자와 2개의 중성자가 결합하여 헬륨 원자핵이 되고 14개의 양성자만 남게 된다. 만들어진 헬륨 원자핵은 매우 안정하여 다시 양성자와 중성자로 분해되는 일은 거의 일어나지 않는다. 따라서 헬륨 원자핵 합성이 전 우주에서 벌어지면서 중성자는 우주에서 빠른 속도로 없어지게 되었다. 이런 과정이 모두 끝나면 양성자 14개당 헬륨 원자핵 1개만 남게 된다. 헬륨 원자핵의 질량은 양성자 질량의 4배이므로, 헬륨이 우주에서 차지하는 질량은 수소의 1/(14+4), 즉 22%가 되는 것이다.

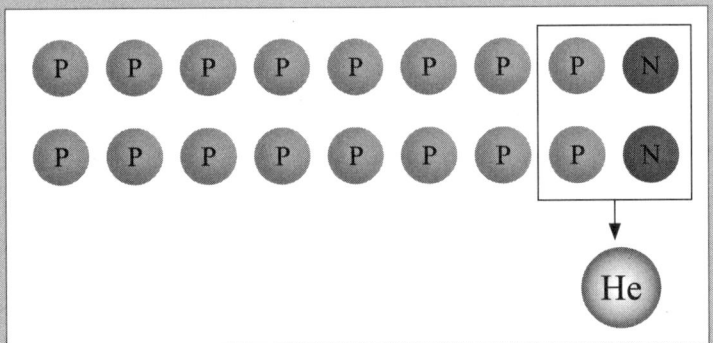

[그림 14] 초기 우주에서의 헬륨 생성

9 빛의 시대가 가고 물질의 시대가 오다.

　고온의 초기 우주는 **'빛의 시대'**였다. 단위 부피 안에 존재하는 빛과 물질의 에너지를 비교해 볼 때, 빛의 에너지가 물질의 에너지보다 더 컸다는 말이다. 우주의 팽창은 에너지의 양에 의해 결정되는데, 빛의 시대에는 빛 에너지에 의해 우주 팽창이 결정되었으며 우주의 크기는 시간의 제곱근에 비례하여 커졌다고 한다. 예를 들어 우주의 나이가 100배 커지면 우주의 크기는 10배, 우주의 나이가 10,000배 커지면 크기는 100배 커지는 식이었다.

　우주가 계속 팽창함에 따라 물질(주로 수소와 헬륨의 원자핵)의 밀도와 빛 에너지의 밀도도 계속 감소하였으나, 빛 에너지의 밀도 감소가 물질 에너지의 밀도 감소보다 더 빠르게 진행되었다. 드디어 우주의 나이가 1만년이 되었을 때 물질의 밀도가 에너지의 밀도는 같아지게 되고, 그 이후에는 물질의 밀도가 에너지의 밀도를 능가하게 되었다. 그래서 우주 탄생 1만년 이후의 시기를 **'물질의 시대'**라고 한다. 이때부터 우주의 팽창도 물질에 의해 결정되게 되었으며, 팽창 속도도 더 빨라지게 되었다. 물질의 시대에는 우주의 나이가 1000배 커질 때 우주의 크기는 100배 커지고, 우주의 나이가 100만 배 커질 때 크기가 1만 배 커져가는 식의 팽창이 이루어진다.

우주가 빛의 시대에서 물질의 시대로 접어드는 순간, 즉 우주의 나이가 10,000년이 되었을 때 우주의 온도는 약 10,000K, 우주의 크기는 지금의 1/6,000정도였다. 그 당시 우주는 수많은 빛 입자와 자유 전자, 수소 원자핵(양성자), 그리고 헬륨 원자핵으로 이루어져 있어 빛조차 자유롭게 움직이지 못하는 혼탁한 상황이었다. 그래서 과학자들은 이 시대를 혼탁한 시대라고 부르기도 한다.

# 우주 맑게 개다.

우주의 나이가 38만 년이 되자 온도는 3,000K 정도로 낮아졌다. 온도가 3,000K 이상일 때는 수소나 헬륨 원자핵이 전자와 결합하여 원자가 되더라도 고에너지의 빛에 의해 다시 분해되었지만, 3,000K 이하로 낮아지면 원자핵과 전자가 결합하여 전기적으로 중성인 원자가 유지될 수 있다. 왜냐하면 온도가 낮아지면 입자들의 운동 에너지도 작아지고(속도가 느려지고), 작아진 에너지를 가진 입자들이 중성 원자와 충돌하더라도 그 원자를 다시 원자핵과 전자로 분해시키지 못하기 때문이다.

원자핵과 전자가 합쳐져 중성 원자가 되자 갑자기 단위 부피당 입자의 수가 반으로 줄어들고, 빛은 중성 원자와 상호 작용하는 정도가 크지 않으므로 마침내 다른 입자의 방해를 받지 않고 자유롭게 진행할 수 있게 되었다. 한마디로 우주 전체가 투명해진 것이다.

물질로부터 해방된 빛은 우주의 팽창과 더불어 계속 파장이 길어졌으나 빅뱅이후 38만년이 지났을 때의 상황을 그대로 간직하고 있다. 이때 나온 빛이 바로 오늘날 우주 배경 복사로 관측되는 절대 온도 2.74K의 빛이다.

별과 은하가 만들어지다.

우주 나이 38만 년이 지나자 맑게 갠 우주에는 약 75%의 수소 원자와 약 25%의 헬륨 원자들이 고르게 퍼져 있는 상태가 되었다. 이제부터는 급격한 변화는 생기지 않고 수소 원자와 헬륨 원자들이 모여 별, 은하 등을 만드는 완만한 변화만 일어나는 시기가 된 것이다.

수소 원자와 헬륨 원자들이 아무리 골고루 퍼져 있다고 해도 부분적으로는 다른 곳보다 더 많은 원자들이 모여 있는 곳이 생기게 된다. 우리가 방바닥에 좁쌀을 아무리 골고루 펼쳐 놓는다 하더라도 부분적으로는 좁쌀들이 더 많이 모여 있는 곳이 생기는 것과 마찬가지이다. 좁쌀들의 간격이 모두 일정하게 배열될 확률은 극히 낮다. 큰 범위에서 보자면 골고루 퍼져 있다고 해도 작은 범위에서 보면 항상 밀도의 차이가 생기게 마련이다. 우주도 이와 같다. 우리 우주에는 $1m^3$당 평균 6개 정도의 수소 원자가 존재하는 것으로 알려져 있다. 물론 은하나 별에는 더 많은 물질이 모여 있겠지만 우주는 워낙 크기 때문에 평균적으로 보면 골고루 퍼져 있다고 볼 수 있다.

우주의 나이가 100만 년이 되자 수소 원자와 헬륨 원자가 많이 모여 있는 곳에는 중력이 작용하여 서로 끌어당기게 되고, 점점 더 커지게 되어 은하단 규모의 물질이 농축되기 시작하였다. 그리고 우주 나이 10억 년쯤 되자 1세대의 은하와 별들이 생기게 되었다. 수소 원자들이 어느 정도 모이면 중력에 의해 점점 더 압축되고 이때 발생한 열로 핵융합 반응이 일어나면 빛을 내기 시작한다. 이때 우주의 모습은 하늘에서 내려다보는 도시의 모습과 비슷했을 것이다. 처음에는 희미한 불빛이 조금씩 나타나고, 그 뒤를 이어 다른 불빛들도 켜지기 시작했다. 이윽고 작은 물방울들이 모여 강물이 되듯이 우주는 갑자기 반짝이는 별들의 빛으로 환해졌다.

지금 우리가 보고 있는 우주가 만들어진 것이다.

이렇게 만들어진 별들은 질량에 따라 수백만 년에서 수십억 년에 걸친 진화의 과정을 걷게 되고 그중에서 질량이 커서 수명이 짧은 별들은 진화의 마지막 과정인 초신성 폭발까지 겪게 되었다.

나머지 원소들이 만들어지다.

세상의 만물을 이루고 있는 원소들은 어떻게 생겨났을까?

결론부터 말한다면 대부분의 원소들은 하늘에서 반짝이는 별들로부터 온 것이다.

수소와 헬륨은 우주가 생성될 때의 대폭발 속에서 생겨났다. 그리고 수소와 헬륨보다 무거운 원소들은 별에서 수소와 헬륨이 결합하여 만들어진 것이다. 예를 들면, 탄소는 헬륨의 원자핵 3개가 결합하여 만들어졌으며, 산소는 탄소와 헬륨이 결합하여 만들어졌다.

이와 같이 원자 번호가 짝수인 원소는 헬륨의 반응으로 만들어지고, 원자 번호가 홀수인 원소는 이것에 수소가 반응하여 생긴 것이다. 이러한 반응이 일어나기 위해서는 수억 도의 높은 온도가 필요한데, 이 에너지는 별 내부에서는 별이 수축하며 생기는 중력 에너지에 의해 공급된다.

고온에서 원자핵이 반응하여 더 큰 원자핵이 되는 것을 **핵융합**이라고 한다. 핵융합은 일반적으로 발열 반응이므로 반응이 일어나면 별의 온도는 더욱 올라간다.

[그림 15]는 원자핵 내에서 핵자의 결합 세기를 원자 번호에 따라 나타낸 것이다.

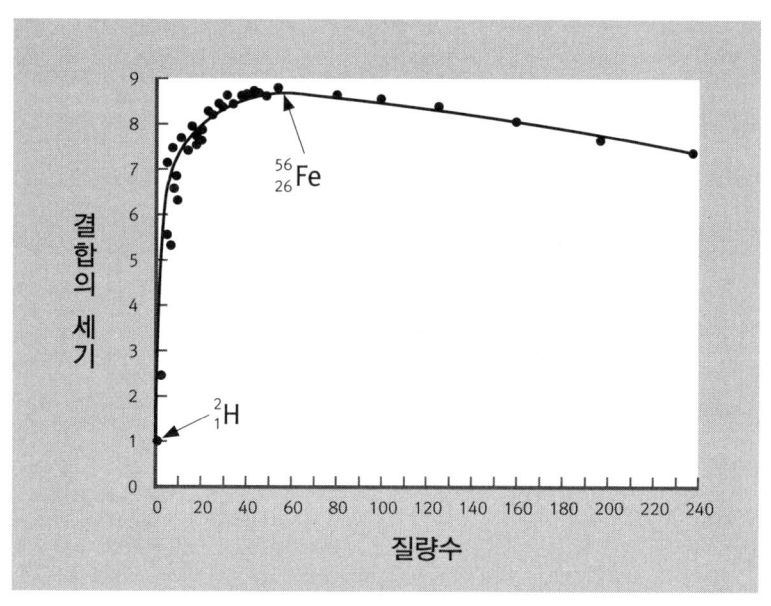

[그림 15] 질량수에 따른 원자핵 내 결합의 세기

철 부근에서 원자핵 내의 결합 세기가 가장 크므로 이곳에서 가장 안정되어지는 것을 알 수 있다. 따라서 철보다 무거운 원소의 원자핵은 핵융합에 의해 만들어지지 않는다. 철 원자핵이 만들어지는 조건에서는 철보다 더 큰 원자핵이 생기더라도 분해하여 다시 안정한 철로 돌아간다는 것이다. 즉, 철은 핵융합의 마지막 단계이며, 별의 내부에 철이 점점 축적되면 중심이 점점 무거워지고 중력에 의해 점점 수축된다. 별 내부의 압력이 점점 높아져 어떤 한계점에 이르게 되면 별은 폭발한다. 이것이 **초신성**이다.

철보다 무거운 원소는 별이 폭발할 때 생기는 높은 밀도의 양성자와 중성자가 그 전에 만들어진 원자핵과 결합하여 순간적으로 만들어지는 것으로 생각된다.

즉, 우리 주변의 모든 물질을 이루고 있는 각종 원소들은 먼 옛날에 별을 구성하고 있던 잔해인 것이다.

우리 몸을 이루고 있는 원소들은 아마도 우리 태양계가 생기기 이전 현재의 태양계 근처에 있었던 별들에서 만들어졌을 것이다. 우리의 몸, 집에서 기르는 예쁜 강아지, 바다의 물, 푸른 나무, 강변에 뒹구는 바위, 우리가 지금 읽고 있는 책 등, 이 모든 것을 이루고 있는 원소들이 별에서 태어났고 그중의 어느 정도는 같은 별에서 태어났을지도 모른다니 정말 신기하지 않은가?

우리의 몸에 우주의 역사가 들어 있다!

지금까지 알려진 원소는 118가지 정도가 있는 데, 그중에서 우리 몸을 이루는 원소는 대략 25가지 정도밖에 되지 않는다. 우리 몸의 원소 중에서 무게를 가장 많이 차지하는 원소는 산소(O)로, 몸무게 70Kg인 성인의 43Kg 정도가 산소이다. 두 번째로 많은 것은 탄소(C)로 12Kg 정도를 차지하며, 수소(H)는 6.3Kg 정도를 차지한다. 단백질의 구성하는 질소(N)는 2Kg 정도이며, 뼈를 이루는 칼슘(Ca)도 1.1Kg 정도 들어 있다. 이들 원소 외에도 인(P), 칼륨(K), 황(S), 염소(Cl), 나트륨(Na), 마그네슘(Mg) 등이 우리 몸을 구성하고 있으며, 철(Fe), 아연(Zn), 구리(Cu), 망간(Mn) 등도 소량 들어 있다.

우리 몸의 구성 원소 중에서 수소(H)는 빅뱅이 일어난 1초 후에 만들어진 원소이며, 산소·탄소·질소·나트륨·황 등 철보다 가벼운 원소는 1세대 별 안에서 핵융합에 의해 만들어졌다. 철보다 무거운 원소는 1세대 별 중에서 초신성이 폭발할 때 만들어져, 우주 공간에 퍼져 있다가 태양계가 만들어질 때 지구 위에 존재하다가 우리 몸을 구성하게된 것이다. 결국 우리의 몸에는 빅뱅 초기에 만들어진 수소, 별에서 핵융합에 의해 만들어진 탄소·산소와 같이 철보다 가벼운 원소, 초신성이 폭발할 때 만들어진 아연이나 구리와 같이 철보다 무거운 원소들이 모두 들어 있다. 한마디로 우리의 몸 안에는 우주의 역사가 모두 들어 있다고 볼 수 있다. 결국 우리 인간을 만들기 위해 우주가 만들어진 것이 아닌가 하는 생각도 든다.

3부

빅뱅 이론의 문제점

우주가 처음 어떻게 만들어졌으며, 어떻게 진화해 왔는지에 대한 가장 타당성 있는 이론으로 빅뱅 이론이 가장 널리 받아들여지고 있기는 하지만, 이 이론에도 많은 허점이 있으며 아직도 설명하지 못하는 부분도 많다. 흔히 과학적 이론이라고 하면 머리가 좋은 과학자들이 만든 것이기 때문에 틀린 것이 없고 진리라고 생각하기 쉽지만 대부분의 과학적 이론은 실험이나 관측으로 증명할 수 없는 부분도 있으며, 실험 결과나 관측 사실과 부합하지 않는 부분도 있을 수 있다. 진화론이나 빅뱅 이론과 같이 많은 과학자들에게 받아들여지고 있는 이론이 있다면 그것은 **'현재까지 알고 있는 한'** 그 이론으로 설명하는 것이 가장 합리적이라는 것뿐이다. 결국 과학자들이 하는 일이란 어떤 실험 결과나 관측 결과를 잘 설명할 수 있는 이론을 만들고, 그 이론과 맞지 않는 것들이 있다면 이론을 수정하거나 새로운 이론을 만드는 일이라고 할 수 있다.

빅뱅 이론 역시 처음부터 문제점이 있었으며, 그 문제점을 해결하면서 발전해 왔고, 지금도 새로운 문제점들이 발견되고, 그 문제를 해결하기 위해 과학자들이 노력하고 있는 현재 진행형인 이론이라고 할 수 있다. 여기에서는 빅뱅 이론이 어떤 문제점들을 가지고 있었으며, 과학자들이 그 문제를 어떻게 해결해 왔고, 아직 설명하지 못하는 문제점들은 어떤 것들이 있는지 알아보자.

① 우주는 왜 균일한가?

 빅뱅 이론이 처음 나왔을 때 많은 과학자들이 생각한 문제점은 '왜 우주가 균일할까?'라는 문제였다. 간단히 말하면 '밤하늘을 바라볼 때 정반대편이 왜 서로 똑같이 보이는가?'라는 문제이다. 물론 밤하늘을 볼 때 별자리도 다르고, 은하들도 서로 다르게 보인다. 하지만 한쪽은 아주 밝은데, 다른 쪽은 어둡지는 않다. 실제로 우주 공간의 은하들은 은하단과 초은하단이라는 구조를 이루며 분포하지만, 이보다 더 큰 규모에서는 전 우주의 물질 분포는 거의 균일하다고 볼 수 있다. 빅뱅으로부터 38만 년 후의 우주 밀도 분포를 보여주는 우주 배경 복사도 전 우주에 걸쳐 1/100,000 범위의 오차에서 물질이 고르게 분포하고 있음을 보여주고 있다.

 실제로 관측해 본 우주는 거대한 규모에서 볼 때 균일하다는 것인데, 이것은 빅뱅 이론을 접한 과학자들에게는 매우 납득하기 어려운 사실이었다. 우주가 약 138억 년 전에 탄생했다면, 우리가 볼 수 있는 가장 먼 은하는 138억 광년의 거리에 있을 것이다. 따라서 하늘에서 서로 정반대편에 있는 곳은 276억 광년만큼 떨어져 있을 것이다. 빛의 속도보다 더 빨리 달릴 수 있는 것은 없으므로, 어떤 신호나 자연적 과정이 하늘의 한쪽 끝에서 반대쪽 끝으로 전달되는 것은 불가능하다. 그럼에도 불구하고 우주가 균일하고, 우주의 모든 부분이 똑같은 물리 법칙을 따르면서 똑같이 팽창하고 있다는 사실은 과학자들에게 큰 의문으로 **'지평선 문제'**라고 한다. 과학자들로 볼 때 빅뱅 이론에 따르면 우주는 불균일한 것이 자연스럽다는 것이다.

지평선 문제를 예를 들어 설명하면 다음과 같다. 투명한 컵에 한 숟가락 정도의 끈적끈적한 물엿을 넣었다고 하자. 처음에 물엿은 밑으로 가라앉아 한 곳에 모여 있을 것이다. 모여 있는 물엿은 밀도가 높은 어느 시기의 작은 우주를 나타내고, 컵 전체의 물은 어느 정도 시간이 지나 팽창한 우주라고 생각해 보자. 우주가 커짐에 따라 모여 있던 물엿은 점점 더 밖으로 퍼져나갈 것이다. 그런데 과학자들이 이런 식으로 계산을 해보니 우주의 나이가 150억 년이라면, 최초의 물엿이 우주 전체에 퍼지려면 300억 년 정도가 걸린다는 것이다. 즉 빅뱅 우주론으로는 우주가 균일하다는 사실을 설명할 수 없다는 것이다.

과학자들이 빅뱅 이론에서 불거진 이와 같은 문제 때문에 골머리를 앓고 있을 때, 이 문제를 해결한 것이 바로 인플레이션 이론이었다. 2장에서 설명했다시피 인플레이션 이론은 우주 초기의 어떤 순간에 우주가 빛보다 더 빠른 속도로 팽창했다는 이론이다. 인플레이션 이론에 따르면 오늘날 우리가 보는 우주는 초기 우주의 아주 작은 부분이 팽창한 것이라는 것이다. 물엿의 비유를 다시 사용한다면,

지금 우리가 보고 있는 우주는 물엿이 팽창한 부분뿐이라는 것이다. 즉 팽창한 우주의 일부분만 보고 있다는 것이다.

  지금까지 우리는 우주 끝까지의 거리가 138억 광년이라고 이야기해 왔다. 이것은 우주가 팽창을 시작할 때 출발한 빛이 우리에게 도달할 때까지 진행해온 거리를 나타내는 것이다. 하지만 잘 생각해 보자. 빛이 138억 광년 동안 진행하는 동안에도 우주는 계속 커져 왔을 것이다. 이와 같은 팽창을 고려한 과학자들의 계산에 의하면 우주의 반경은 465억 광년이 된다는 것이다. 결국 우리가 보고 있는 우주는 반경 465억 광년이 되는 커다란 우주의 반경 138억 광년이 되는 균일한 부분이라는 것이다.

② 우주는 계속 팽창할 것인가?

아인슈타인의 일반 상대성 이론은 어떤 공간에 들어 있는 물질의 양에 의해 공간의 모양이 어떻게 결정되는지를 알려준다. 이것을 우주에 적용해 보면, 물질의 양에 따라 우주는 크게 닫힌 우주, 열린 우주, 평탄한 우주의 세 가지 모습을 가질 수 있다. 닫힌 우주는 구와 같은 모양으로 스스로를 에워싸서 닫힌 모양이고, 열린 우주는 말안장 모양처럼 모든 방향으로 무한히 뻗어 있는 모양이다. 즉, 닫힌 우주는 영원히 팽창을 계속하는 우주이며, 닫힌 우주는 팽창이 끝나면 다시 수축하여 하나의 점이 되어 버리는 우주이다. 평탄한 우주는 팽창을 계속하다가 어느 시점에서는 팽창도 수축도 하지 않는 우주로, 열린 우주의 가능성과 닫힌 우주의 가능성 사이에 존재하는 칼날 같은 가능성으로 존재한다.

우주가 팽창을 계속하지(열린 우주가 될지), 아니면 팽창을 멈추고 수축하게 될지(닫힌 우주가 될지)는 우주 안에 존재하는 물질의 양에 달려 있다. 물질의 양이 많으면 물질 사이에 작용하는 중력 때문에 결국 수축하게 될 것이고, 물질의 양이 적으면 중력을 이기고 계속 팽창하게 되는 것이다. 과학자들은 우주 안의 물질의 양을 표현하는 방법으로 우주의 밀도라는 개념을 사용한다. 그리고 우주의 팽창을 멈추게 하는 우주의 밀도 값을 **임계밀도**라고 부른다. 즉 어떤 우주의 밀도가 임계밀도 값보다 작으면 그 우주는 끝없이 팽창하는 열린 우주가 되고, 우주의 밀도가 임계 밀도 값보다 크면 팽창하다가 다시 수축하는 닫힌 우주가 되는 것이다. 평편한 우주가 되려면 우주의 밀도가 정확하게 임계 밀도와 같아야 한다.

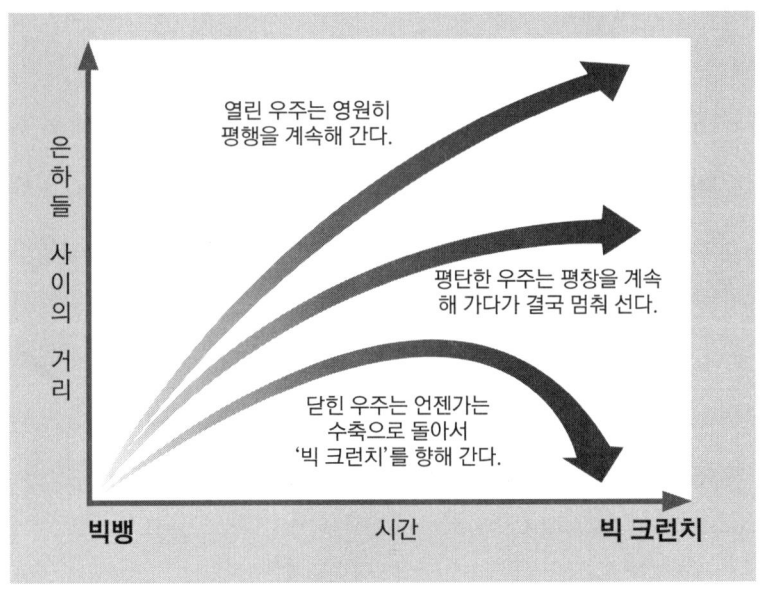

[그림 16] 시간에 따른 은하들 사이의 거리

오늘날 과학자들은 우리 우주의 밀도가 거의 임계 밀도와 같다고 확신하고 있다. 즉 우리의 우주는 평탄한 우주라는 것이다. 과학자들이 그렇게 확신하는 이유는 바로 우리 우주가 현재와 같이 은하와 별들이 존재하는 우주이기 때문이다. 처음 우주가 생겼을 때 우주의 밀도가 임계 밀도와 차이가 있었다면 우주가 팽창하는 동안에 그 차이가 점점 커지기 때문에 아주 오래 전에 수축하여 사라져 버렸거나, 너무 빨리 팽창하여 은하나 별들이 만들어질 틈도 없이 텅 빈 우주가 되어 버렸을 것이기 때문이다.

우리 우주의 밀도가 임계 밀도와 거의 같으려면 우주의 나이가 1초일 때 우리 우주의 밀도와 임계 밀도의 차이가 $1/10^{60}$ 정도의 오차 이내에서 같아야 한다고 한다. 이것은 우리 우주가 팽창을 시작할 때 팽창과 중력이 믿을 수 없을 정도로 정확하게 조정된 상태에서 출발했다는 것을 의미한다. 우리 우주가 현재 이렇게 존재한다는 것 자체가 기적인 것이다. 빅뱅 이론이 처음 나왔을 때, 과학자들에게는 우리 우주의 밀도와 임계 밀도가 거의 같을 확률이 거의 불가능함에도 왜 초기의 우주가 그렇게 평탄했는지가 의문이었다. 그래서 이 문제를 '**평탄성의 문제**'라고 불렀으며, 빅뱅 이론을 의심하게 하는 커다란 의문이었다.

이 평탄성 문제를 해결한 것은 바로 앞서의 지평선의 문제를 해결하였던 인플레이션 이론이었다. 인플레이션 이론에 의하면 급팽창 이전의 우주의 밀도가 어떤 값을 가졌다고 하더라도, 우주가 지수함수적으로 팽창을 하면 그 값이 임계 밀도와 같아진다고 한다. 예를 들어 급팽창이 일어나기 전의 우주가 둥근 비치볼 크기였다고 하자. 비치볼을 볼 때 어느 부분이나 분명히 그 표면이 둥글게 굽어 있다는 것을 알 수 있다. 하지만 그 비치볼이 갑자기 지구만한 크기로 팽창하였다면 조금 전에 보였던 둥근 표면이 편평하게 보인다는 것이 인플레이션 이론이다. 급팽창 이전의 우주가 말안장과 같이 열린 모양을 했더라도 갑자기 엄청나게 커진다면 역시 편평하게 보인다는 것이다. 즉, 급팽창 이전의 우주의 밀도가 얼마였던 간에 급팽창은 우주의 밀도가 편평한 우주를 만들기에 적합한 임계 밀도를 갖도록 만드는 것이다.

③ 보이는 것이 전부는 아니다.

밤하늘에는 수없이 많은 별과 은하가 보이지만, 눈에 보이는 별과 은하는 우주 전체 질량의 극히 일부분밖에 차지하지 않는다. 과학자들은 눈에 보이는 물질은 우주 전체 질량의 5% 정도밖에 되지 않고, 보이지 않는 물질이 더 많이 있을 것이라고 생각하고 있다. 그리고 이렇게 눈에 보이지 않는 물질을 **'암흑 물질'**이라고 부르고 있다.

과학자들이 암흑 물질의 존재를 생각하게 된 것은 은하에 존재하고 있는 물질의 양만으로는 관측에 의한 은하의 움직임을 설명할 수 없었기 때문이다. 은하들 중에는 불규칙한 모양을 가진 것도 있지만 많은 은하들은 늙은 별들이 가운데 부분에 많이 모여 있고, 그 주위를 수많은 별들이 얇은 디스크 판처럼 배열하여 나선 모양으로 도는 모양을 가지고 있다.

[그림 17] 일반적인 은하의 회전 (NASA 제공)

이런 은하수의 모양은 마치 태양을 중심으로 행성이 돌고 있는 우리 태양계의 모양과 닮았다고 볼 수 있다. 우리 태양계에는 가장 가까운 수성부터 가장 먼 해왕성까지 8개의 행성이 돌고 있다. 행성들은 태양이 처음 만들어질 때 회전하는 기체 구름으로부터 같이 만들어졌으므로 자전 방향과 공전 방향이 모두 같다. 가장 가까운 수성은 태양으로부터 가장 가까이 있으므로 태양의 중력을 가장 크게 받는다. 따라서 태양에 끌려들어가지 않으려면 빠른 속도로 공전함으로써 큰 원심력을 얻어야 한다. 가장 멀리 있는 해왕성은 태양의 중력을 가장 약하게 받으므로 천천히 움직여도 된다.

이런 태양계 행성의 운동을 볼 때 은하에 속한 별들의 움직임도 어떻게 될지 짐작할 수 있다. 즉 은하의 중심에 가까운 별은 빠르게 공전을 하고 중심에서 멀리 떨어진 별들은 천천히 공전을 할 것이다. 그런데 과학자들이 관측해 본 결과는 은하의 중심에 가까운 별이나 멀리 떨어진 별이나 거의 같은 속도로 회전을 한다는 것이다. 마치 무엇인가가 가까운 별이나 멀리 떨어진 별들은 묶어 놓은 것처럼 보이는 것이다. [그림 18]은 은하 중심으로부터의 거리와 별들의 회전 속도를 나타낸 것이다. 이론상으로는 은하 중심으로부터 멀어질수록 점선으로 나타낸 것과 같이 회전 속도는 느려져야 한다. 하지만 실제 관측 결과는 거리에 관계없이 회전 속도가 일정함을 보여 준다. 이론상의 회전 속도와 실제 관측한 회전 속도의 차이를 설명하기 위해 과학자들이 도입한 것이 바로 암흑 물질이다. 눈에 보이는 물질보다 훨씬 더 많은 암흑 물질이 있어 고속으로 회전하는 원심력과 평형을 이루고 있다는 것이다.

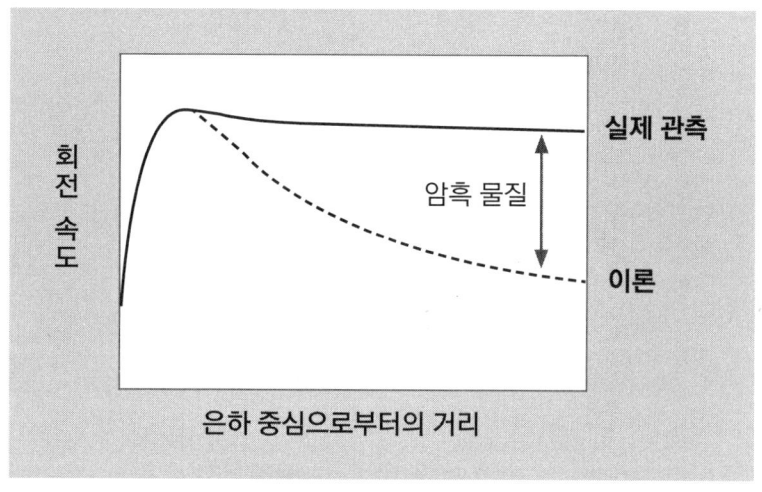

[그림 18] 은하 중심으로부터의 거리에 따른 회전 속도

암흑 물질의 존재를 알려주는 또 다른 증거로는 **'중력 렌즈 현상'**이 있다.

중력 렌즈 현상이란 마치 렌즈를 통과한 빛이 굴절하여 빛이 모이거나 분산되어 물체가 변형되어 보이는 것과 같이, 천체에서 방출된 빛이 지구의 관측자에게 도달하는 동안 도중에 렌즈 역할을 하는 강력한 중력을 가진 물체 부근을 통과하면서 그 경로가 휘어 천체의 상이 여러 개로 보이거나 더 밝아져 보이는 현상을 말한다.

[그림 19] 중력 렌즈 현상 (NASA 제공)

[그림 19]를 보면 밝은 천체를 중심으로 휘어진 모양의 둥근 선들이 보이는데, 대칭으로 나타나기도 하고 십자가 모양으로 나타나기도 한다.

이것은 강한 중력을 가진 천체 뒤쪽에 있는 은하나 별에서 오던 빛이 강한 중력을 받아 휘어지면서 나타나는 것이다. 실제로 대칭으로 나타나는 상의 스펙트럼을 조사해 보면 같은 천체에서 나온 것임을 알 수 있다.

빛이 휘어진 정도를 알면 중간에 있는 천체의 질량을 계산할 수 있다. 그런데 과학자들이 관측한 천체의 질량은 계산한 질량의 1/20 정도밖에 되지 않는다. 즉 중력 렌즈 현상은 보이지 않는 암흑 물질의 존재를 증명하는 증거인 것이다.

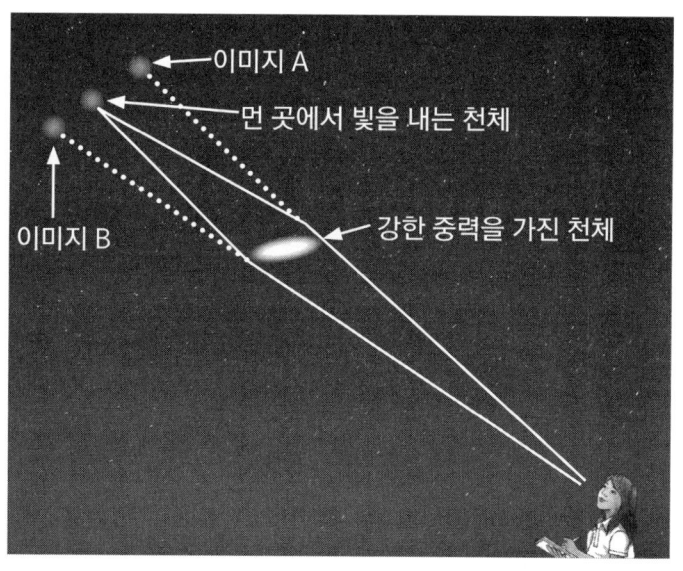

[그림 20] 중력 렌즈 효과가 나타나는 이유

그렇다면 암흑 물질의 정체는 무엇일까?

대부분의 과학자들은 암흑 물질이 원자보다 작은 소립자의 형태로 존재할 것이라고 생각하고 있다. 과학자들이 생각하는 암흑 물질 중에는 중성미자라는 가벼운 입자가 있다. 중성미자는 빛의 속도에 가까운 아주 빠른 속도로 움직이며, 많은 에너지를 지닐 수 있기 때문에 '뜨거운' 암흑 물질이라는 이름이 붙었다. 처음에는 중성미자는 질량이 없다고 생각했으나, 중성미자도 아주 작으나마 질량이 있다는 새로운 증거들이 나타나고 있다. 중성미자의 질량이 아주 미미하더라도 엄청나게 많이 존재하기 때문에 우주의 잃어버린 질량을 충분히 설명할 수 있다는 것이다.

중성미자 외에도 수는 적지만 무거운 입자들도 암흑 물질의 후보로 거론되고 있으나 아직 실험을 통해 확인되지 않고 있다.

과학자들은 우리 우주는 우리 눈으로 확인할 수 있는 물질 약 4%와 암흑 물질 24%로 구성되어 있다고 생각하고 있다. 하지만 나머지 72%는 아직도 무엇인지 모르고 있다. 과학자들이 그동안 우리 우주에 대해 많은 것을 밝혀내기는 했으나 아직도 모르는 것이 더 많다고 할 수 있다.

중성미자

빅뱅 우주론의 표준모형에서 경입자에 속하는 소립자의 하나로 뉴트리노라고도 부른다. 중성미자는 빅뱅 직후에 생성된 전파(우주 배경 복사)와 함께 생겨나 아직까지 붕괴되지 않고 남아 우주를 떠돌고 있는 입자로, 태양과 같은 별 중심부의 핵융합을 통해서도 생성되는 것으로 알려져 있다.

중성미자는 전기적으로 중성이기 때문에 전자, 양성자, 중성자와 같은 입자들과 상호 작용을 거의 하지 않는다. 수소 원자의 경우 원자핵은 원자 크기의 10만분의 1 정도밖에 되지 않기 때문에 거의 완전히 빈 공간과 같다. 중성미자는 원자핵의 구성 입자인 전자, 양성자, 중성자들과 서로 영향을 미치지 않기 때문에 원자로 이루어진 우리 몸도 간단히 통과해 버린다. 심지어는 지구와 같은 행성도 빛의 속도로 통과해 버린다고 알려져 있다. 여러분이 이 책을 읽고 있는 순간에도 수없이 많은 중성미자가 여러분의 몸을 통과하고 있는 것이다.

그동안 중성미자는 질량이 없거나 0에 가깝다고 알려져 왔으나 1998년 이후 중성미자도 약간의 질량을 가지고 있는 것으로 밝혀졌다. 우주에 존재하는 양성자나 중성자 입자 한 개 당 10억 개의 중성미자가 있기 때문에 비록 아주 작은 질량을 가지고 있더라도 전체 질량은 무시할 수 없다. 따라서 과학자들은 중성미자를 암흑 물질의 유력한 후보 중의 하나로 생각하고 있다.

4 그래도 모르는 것이 더 많다.

그동안 과학자들은 우주가 팽창하면서 은하들 사이의 거리는 점점 더 멀어지지만 은하와 별들 사이의 중력으로 인해 팽창 속도는 점점 감소할 것이라 생각했다. 그러나 예상과는 달리 관측에 따르면 우주는 점점 더 빠른 속도로 팽창하고 있다는 것이 밝혀졌다. 이런 관측 결과를 설명하기 위해 우주에는 중력으로 인한 인력보다 더 큰 힘을 가진, 즉 우주 팽창을 가속시키는 무엇인가가 존재해야 한다고 생각하고 이를 **'암흑 에너지'**라고 불렀다.

'암흑 물질'이라는 용어에서 '암흑'이란 단어는 '보이지 않는다.'라는 뜻으로 사용되었지만, '암흑 에너지'라는 용어에서의 '암흑'은 '모른다.'라는 뜻으로 사용되고 있다. 암흑 물질은 눈에 보이지는 않지만 중력을 통해서나마 간접적으로 존재를 인식할 수 있지만, 암흑 에너지는 존재하는지조차도 모르는 이론상의 에너지일 뿐이기 때문이다. 처음 암흑 에너지라는 아이디어가 나왔을 때 과학자들도 받아들이기가 어려웠다. 질량을 가진 다른 보통 물질처럼 서로 끌어당기는 것이 아니라 서로 밀어내는 에너지라고 했기 때문이다. 그래서 지금도 암흑 에너지에 대해 부정적인 생각을 가진 과학자들도 있다.

과학자들이 존재하는지도 불분명한 암흑 에너지를 제시하게 된 것은 먼 곳의 초신성을 관측하였을 때 계산한 것보다 더 어둡게 보인다는 사실을 설명하기 위해서였다. 가까이 있는 촛불보다 멀리 있는 촛불이 더 어둡게 보이는 것과 같이 먼 곳의 초신성은 당연히 가까운 곳의 초신성보다 어두울 것이라는 것은 당연하다. 초신성의 빛이 우리에게 도달하기 전에 우주 공간의 다른 입자를 만나서 산란되었기 때문일 수도 있고, 그동안 우리가 알고 있던 초신성과는 종류가 다른 초신성일수도 있기 때문이다. 그러나 과학자들이 검토해 본 결과 우주가 점점 더 빨리 팽창하기 때문이라는 결론밖에 얻을 수 없었다. 그리고 이에 대한 설명으로 그동안 우리가 알고 있던 에너지와는 전혀 다른, 서로 밀어내는 성질을 가진 암흑 에너지라는 개념을 도입한 것이다.

암흑 에너지에 대한 또 다른 증거로는 우주 배경 복사를 들 수 있다. 현재 우주에서 관측되는 물질 및 암흑 물질의 밀도는 약 0.3인데 비해 우주 배경 복사를 통해 과거에는 밀도가 1로 나타난다. 이를 통해 물질과 암흑 물질의 밀도가 과거에 비해 감소하였으며, 나머지 70%는 알 수 없는 암흑 에너지가 차지한다고 생각하고 있다.

과학자들 중에는 아인슈타인의 우주 상수가 바로 암흑 에너지라고 주장하는 사람도 있다. 아인슈타인이 일반 상대성 이론을 만들어 낼 때 우주가 팽창하거나 수축하지 않고 늘 같은 것이라 생각하여 일반 상대성 이론을 유도해낸 방정식에 우주 상수를 도입한 바 있다. 하지만 허블에 의해 우주가 팽창한다는 관측 결과가 발표되자 우주 상수를 도입한 것은 자신의 최대 실수라고 하며 철회했던 것이 바로 우주 상수이다. 그런데 이제는 암흑 에너지를 설명하기 위해 우주 상수를 되살려 보고자 하는 것이다.

어쨌든 암흑 에너지는 특정한 곳에 뭉쳐 있지 않고 우주에 널리 퍼져 있으며 중력의 반발력인 척력으로 작용해 우주를 가속 팽창시키는 역할을 한다. 우주에는 수천억 개의 별을 가진 은하가 수천억 개나 존재한다. 하지만 놀랍게도 태양이나 은하처럼 빛을 내는 존재는 우주에서 1%도 안 된다. 이를 포함해 양성자나 중성자로 구성된 보통 물질은 우주의 구성 성분 가운데 4%에 지나지 않는다. 나머지 96%는 그 정체가 아직까지 속 시원하게 밝혀지지 않은 상태다. 이 가운데 암흑 에너지가 무려 72%를 차지하고, 24%가 암흑 물질이다. 수수께끼 같은 암흑 에너지가 우주의 72%를 차지하는데도 아직도 그 정체를 전혀 모르고 있는 것이다. 앞으로도 이 궁금증을 풀기 위해 수많은 과학자들이 밤잠을 설쳐가며 고민할 것이다.

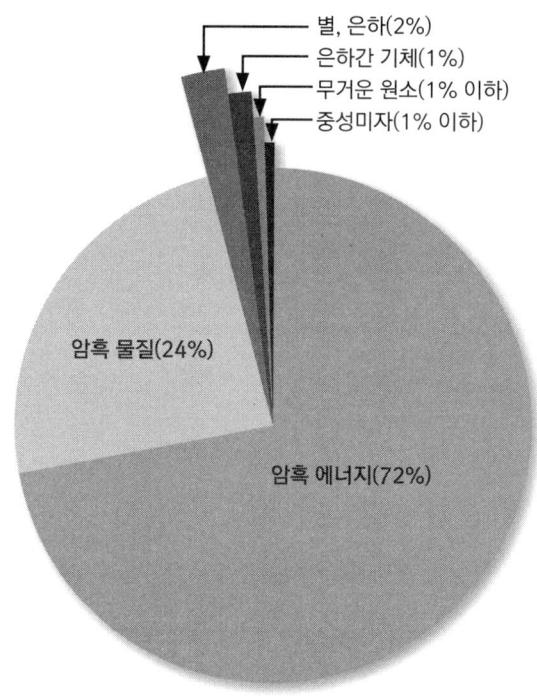

[그림 21] 우리 우주의 구성 성분

　한 가지는 분명하다. 무엇인지는 모르지만 암흑 에너지의 존재는 계속해서 우주를 팽창시킬 것이다. 우주가 커지면 커질수록, 은하들 사이는 더 멀어지고, 빈 공간은 늘어날 것이며, 암흑 에너지는 점점 더 많아질 것이다. 암흑 에너지를 막을 방법은 없다. 은하들은 모두 점점 더 빠르게 멀어지다가 어느 시점이 지나면 더 이상 우리의 눈에 보이지 않게 될 것이다. 결국 별들은 죽고 은하의 불은 꺼져 버릴 것이다. 그래도 우주는 점점 더 커져서 완전히 텅 비어 버릴 것이다. 이것이 바로 우주의 운명인 것이다.

4부

우주에 대한 궁금증

1 밤하늘은 왜 어두운가?

세상에는 너무나 당연하기 때문에 아무도 궁금하게 생각하지 않는 질문들이 있다. 그중의 하나가 '올버스의 역설'이라고 알려진 질문인 '밤하늘은 왜 어두운가?'라는 것이다. 얼핏 생각하면 지구의 자전으로 태양이 지구 반대편에 있어 빛이 비치지 않기 때문이라고 쉽게 대답할 수 있을 것이다. 그러나 1826년에 독일의 천문학자 올버스(Heinrich Wilhelm Matias Olbers)가 이 질문을 던졌을 때, 천문학자들도 질문에 쉽게 대답할 수 없었다.

얼핏 생각해 보면 매우 간단한 질문이지만, 곰곰이 생각해 보면 쉽게 대답할 수 있는 질문이 아니었던 것이다. 태양이 지구의 반대편에 있어 빛이 비치지 않더라도 밤하늘에는 수없이 많은 별들이 빛을 내고 있지 않은가? 밤하늘에 빛나는 하나하나의 별들은 비록 멀리 떨어져 있다고 해도 결국은 태양과 같이 스스로 빛을 내는 항성들이다. 무한히 펼쳐져 있는 우주 공간에 무한개의 별이 균일하게 분포되어 있다면 밤하늘은 결코 어두울 수 없다. 왜냐하면 무한개의 별에서 나오는 빛이 지구에 도달한다면 밤하늘은 낮과 같이 밝아야 하기 때문이다.

물론 우주 안에 있는 별의 숫자가 무한개가 아니고 밤하늘이 낮과 같이 밝지 않을 정도로 숫자가 적다면 올버스의 역설은 쉽게 풀릴 수 있을 것이다. 하지만 지금까지 알려진 바로는 우주에는 1,000억 개 이상의 은하가 있고, 각각의 은하마다 1,000억 개 이상의 별이 있다고 한다. 이 정도 숫자의 별이 있다면 단순히 밤하늘이 어두운 것은 별의 숫자가 적기 때문이라고 대답하기에는 충분하지 않다.

올리버의 역설을 풀기 위해 그동안 다양한 해법들이 제시되어 왔다. 그중의 하나가 우주에는 별만 있는 것이 아니라 가스나 먼지와 같은 부스러기들이 널려 있어서 별빛을 흡수하기 때문이라는 것이다. 하지만 가스나 먼지들도 계속해서 빛을 흡수하면 이들 역시 결국에는 빛나게 된다. 실제로 우리가 보는 성운들은 대부분 주변에 있는 별에서 나온 자외선과 같은 에너지를 흡수해서 빛을 내는 성운들이다. 우주가 무한해서 별빛 역시 무한하더라도 언젠가는 이 별빛을 가리는 가스나 먼지들도 결국은 에너지로 달아올라 스스로 빛을 내게 되므로 올버스의 역설을 해결하지 못한다.

올버스의 역설에 대해 별들의 수명이 무한한 것이 아니라 유한하기 때문이라는 해법이 제시된 바 있다. 하지만 별들이 지속적으로 죽고 있더라도 새로운 별들이 계속 생겨나므로 밤하늘은 계속 밝을 것이기 때문에 해법이 될 수는 없다.

이 외에도 우주가 너무 넓어 먼 곳의 별빛이 아직 지구에 도달하지 못했다는 해법도 있을 수 있지만 이 해법에 따르면 현재의 밤하늘은 어둡지만 앞으로는 점점 더 밝아지게 될 것이라는 결론이 나온다. 그렇다면 지금의 밤하늘은 옛날의 밤하늘보다 더 밝다는 것인가? 이 역시 올버스의 역설을 해결하지 못한다.

도대체 밤하늘이 어두운 이유는 무엇인가?
올버스의 역설을 해결한 것은 우주 팽창론이다. 결론적으로 말하자면 밤하늘이 어두운 것은 역설이 아니라 당연하다는 것이다. 우주가 팽창하면서 멀리 있는 별일수록 더 빠른 속도로 멀어지고, 따라서 적색 편이에 의해 파장이 더 길어지게 된다. 결국은 우리가 눈으로 볼 수 있는 가시광선 영역을 벗어나 적외선 영역이나 전파 영역의 전자기파가 되기 때문에 밤하늘은 어두울 수밖에 없다는 것이다.

또한 빛의 속도는 유한하기 때문에 관측 가능한 경계 밖에 있는 별빛은 우리 지구에 도달할 수 없다는 이유도 올버스의 역설이 성립하지 않는 뒷받침이 될 수 있다. 결국 지구에 도달하는 별빛이 무한히 밝을 것이라는 역설은 빛이 유한한 속도를 가진다는 '상대성 이론'과 '우주 팽창론'에 의해 해결된 것이다.

② 우주의 끝은 어디인가?

 밤하늘을 쳐다보며 우주에 대해 조금이라도 생각해 본 사람이라면 누구나 '우주의 끝은 어디일까?'라는 의문을 가져 보았을 것이다. 좀 더 생각해 보았다면 '우주의 경계 바깥에는 무엇이 있을까?'라는 의문도 가졌을 수도 있다.

 사실 이 의문은 우주의 '바깥'이 존재한다는 잘못된 생각에서 나온 오해이다. 왜냐하면 우주의 '바깥'이라는 것은 존재하지 않기 때문이다. '바깥'이라는 개념은 어떤 한 공간 내에 경계가 있을 때에만 성립한다. 하지만 우리가 우주의 바깥이라고 하는 곳에는 공간 자체가 존재하지 않는다. 공간 자체가 없으니 안, 밖의 개념 자체가 무의미하다.

 예를 들어, 우리의 우주가 1차원이라고 생각해 보자. 1차원이라면 하나의 선만 존재하는 세상이다. 이런 세상에서는 앞쪽 방향이나 뒤쪽 방향에 대해서는 이야기할 수 있지만, 좌우 방향이나 위아래 방향에 대해서 이야기하는 것이 아무런 의미가 없는 것과 같다. 우리의 우주가 2차원으로 된 평면이라면 앞뒤좌우 개념은 있을 수 있지만 위아래 개념은 무의미할 것이다. 실제 우리 우주는 3차원의 공간과 1차원의 시간으로 정의되는데, 우주 바깥이라고 생각하는 곳은 공간 자체가 존재하지 않는 것이기 때문에 '우주 바깥에는 무엇이 있는가?'라는 질문 자체가 성립하지 않는다.

당연히 '우주의 끝은 어디인가?'라는 의문도 역시 의미가 없다고 할 수밖에 없다.

즉, '끝'이라는 개념 자체가 존재하지 않는다는 것이다. 그렇다면 한 방향으로 계속 나간다면 어떻게 될까? 우주 끝 경계에 도달할 수 있지 않을까? 우리가 둥근 지구의 표면에만 살고 있다고 생각해 보자. 지구의 표면으로만 보면 2차원 공간이다. 지구 표면에서 계속 앞으로 나가면 결국은 지구를 한 바퀴 돌아 제자리로 돌아올 것이다. 물론 우주는 지구 표면처럼 2차원 공간은 아니고 3차원 공간으로 둘러싸인 3차원 구를 이루고 있을 것이다. 이러한 공간에서 한 방향으로 계속 나아가면, 결국 우주를 한 바퀴 돌아 제자리로 돌아오게 된다.

'우주의 경계 바깥에는 무엇이 있을까?'라는 질문과 비슷한 것으로 '우주가 팽창하고 있다면 어디로 팽창해 나가는가?'라는 질문이 있을 수도 있다. 이 질문 역시 우주의 팽창을 부풀어 오르는 풍선과 같이 일상생활에서 경험하는 팽창과 비슷한 것으로 생각하는 데서 나온 잘못된 질문이다. 부풀어 오르는 것은 풍선의 안과 밖이 모두 공간으로, 결국 풍선이 부풀어 오른다는 것은 공간 내에서 일어나는 일이다. 하지만 우주는 공간 속에서 팽창해 나가는 단순한 물체가 아니라 모든 공간을 포함하고 있는 공간 그 자체이다. 우주 바깥에는 우주가 팽창할 수 있는 어떤 공간이 있는 것이 아니고 다만 우주가 더 커져갈 뿐인 것이다.

③ 우리가 우주의 중심인가?

천문학자들의 관측에 의하면 모든 은하들은 우리로부터 멀어져 가고 있으며, 멀리 있는 은하일수록 더 빨리 멀어져간다고 한다. 또한 우주의 어느 방향을 관측해 보더라도 가장 멀리 있는 은하까지의 거리는 약 138억 광년이라고 한다. 그렇다면 우리가 우주의 중심에 있다는 말이 된다. 정말 우리가 우주의 중심에 있는 것일까?

결론부터 말하자면, 우리가 우주의 중심에 있는 것은 아니며 우주의 중심은 없다고 말할 수 있다. 모든 은하가 우리로부터 멀어져 간다는 것이 우리가 중심에 있다는 것을 증명해 주지는 않기 때문이다. 예를 들어 풍선 위에 여러 개의 점을 찍고 불어보자. 여기서 풍선이 커지는 것은 우주가 팽창하는 것을 나타내고, 각각의 점은 은하를 나타낸다. 풍선 위의 어떤 점을 선택하더라도 풍선이 커짐에 따라 나머지 점들은 모두 선택한 점으로부터 멀어져가는 것처럼 보일 것이다. 따라서 풍선 위의 어떤 점도 중심이라고 할 수 없다.

[그림 22] 팽창하는 풍선의 중심

또 다른 예를 들어보자. 커다란 풍선 위의 어느 한 점에 개미 한 마리가 있다고 하자. 그 개미가 보기에는 어떤 방향으로 보아도 보이는 지평선까지의 거리는 같을 것이다. 개미가 어느 곳에 있더라도 지평선까지의 거리는 모두 같다. 즉 풍선 위의 평면에서는 중심이 없는 것이다. 우리의 우주는 3차원 공간이기는 하지만 마치 풍선 위의 개미가 자신이 중심에 있는 것처럼 보이는 것처럼 마치 우리가 우주의 중심에 있는 것처럼 보이는 것뿐이다.

④ 지구 외에도 다른 생명체가 있을까?

우주에 우리 지구에만 생명체가 살고 있는지, 또는 우주 다른 곳에도 생명체가 있는지 하는 문제는 오랫동안 인간의 큰 관심사였다. 상상할 수 없이 거대한 우주 공간에 우리 지구에만 생명체가 존재한다면 외롭다는 생각이 들어서인지 인간은 오래 전부터 끊임없이 외계에도 다른 생명체가 있는지에 대해 주목해 왔다.

그동안 외계의 생명체는 오랫동안 공상 과학소설에나 등장하던 소재였다. 외계 생명체를 소재로 한 대표적인 소설이 19세기 말에 나온 웰즈(H. G. Wells)의 세계전쟁(World War)이다. 웰즈는 이 소설에서 화성인의 침공을 다루었고, 이것이 극화되어 라디오로 방송되면서 전 세계를 공포 분위기로 몰고 가기도 했다. 20세기 중반에 들어와서는 UFO, 즉 미확인 비행체를 목격했다는 뉴스가 자주 등장하면서 외계 생명체에 대한 호기심이 되살아나기도 했다.

과연 외계 생명체는 존재하고 있을까?
이 문제를 풀기 위해서는 먼저 두 가지를 알아야 한다. 하나는 외계 생명체에 대한 정의이고, 다른 하나는 외계 생명체가 존재할 수 있는 환경이다.

먼저 외계 생명체에 대한 정의부터 알아보자. 우리는 흔히 외계 생명체라고 하면 소설이나 영화에 나오는 고등 지능을 가진 외계인을 생각하기 쉽다. 하지만 과학자들은 고등 지능을 가진 생명체뿐 아니라 박테리아와 같은 생명체들도 똑같이 외계 생명체로 취급한다. 왜냐하면 외계에서 박테리아와 같은 생명체가 발견된다면 우리 지구에서 생명체가 탄생하게 된 비밀을 풀 수도 있기 때문이다. 어쨌든 과학자들이 찾는 외계 생명체는 반드시 고등 지능을 가진 외계인만이 아니라는 것을 염두에 두자.

그리고 외계 생명체를 찾기 위해서 또하나 알아야 할 것은 생명체가 존재할 수 있는 환경이다. 태양계에만 해도 8개의 행성이 있으며, 모두 47개 정도의 위성이 있다. 만일 우리 태양계 내에서 외계 생명체를 찾는다고 일일이 이 모든 행성과 위성을 방문한다면 매우 비효율적일 것이다. 우리 태양계를 벗어난 외계 행성까지 범위를 확대해 본다면 하나하나의 행성을 방문한다는 것은 정말 바보 같은 짓이다. 굳이 생명체의 흔적을 찾고 싶다면 생명이 있을 만한 행성이나 위성만 탐사하면 된다. 따라서 생명체가 존재할 수 있는 환경을 아는 것이 외계 생명체 탐사에 매우 주요한 일이다.

생명체가 있을 만한 환경으로 가장 중요한 것은 '액체 상태의 물질'이 존재해야 한다는 것이다. 우리는 지구상의 모든 생명체가 수없이 많은 종류의 분자로 구성되어 있으며, 생명체 안에서는 수많은 종류의 반응이 일어난다는 것을 알고 있다. 수많은 종류의 분자가 한 곳에 모이고 반응이 일어나기 위해서는 반드시 액체 상태의 물질이 존재하고 거기에 다른 물질들이 녹아 들어가야 반응도 일어날 수 있다. 고체 상태란 고체를 이루는 입자들이 제자리에서 움직이지 않는 상태이기 때문에 당연히 생명이 있을 수 없다. 또 기체 상태는 구성 입자들이 자유롭게 움직이는 상태이므로 여러 종류의 분자가 존재하더라도 꼭 필요한 반응이 일어나기 어렵다. 그래서 생명이 탄생하거나 유지되기 위해서는 반드시 액체 상태의 물질이 필요한 것이다.

만일 액체 물질이 존재하는 두 개의 행성이 있는데, 하나는 액체 상태의 물이 있는 행성이고 다른 하나는 액체 상태의 메탄이 있는 행성이라면 어느 행성을 먼저 방문하는 것이 생명의 흔적을 발견할 확률이 높을까? 과학자들은 당연히 물이 있는 행성을 먼저 탐사할 것으로 결정할 것이다. 지구상에서는 메탄은 주로 기체 상태로 존재하지만 영하 183℃에서는 액체로 변한다. 그런데 메탄 액체는 기름과 같은 성질을 가지고 있어 녹일 수 있는 물질의 종류가 한정되어 있다. 반면에 물은 지금까지 알려진 액체 중에서 가장 많은 종류의 다른 물질을 녹일 수 있는 용매로 알려져 있다. 따라서 두 가지 액체가 존재하는 행성이 있다면 당연히 물이 있는 행성을 먼저 탐사해야 할 것이다.

태양계와 같이 빛을 내는 항성이 있고, 그 주위에 여러 개의 행성이 돌고 있는 항성계가 있다면 과학자들은 물이 존재하는 행성을 가장 먼저 탐사할 것이다. 항성에서 아주 가까운 행성은 너무 뜨겁기 때문에 물이 존재하더라도 기체 상태일 것이다. 항성에서 너무 멀리 떨어진 행성은 너무 추워서 물이 존재하더라도 얼음과 같은 고체 상태로 존재할 것이다. 항성에서 너무 가깝지도 않고 너무 멀지도 않아 표면에 액체인 물이 존재할 수 있는 지역을 '생명 거주 가능 지역' 또는 '골디락스 존'이라고 부른다. 우리 태양계에서는 우리 지구와 화성이 생명 거주 가능 지역에 위치하는 행성이다.

우주에는 수없이 많은 항성이 존재하고 그 항성 중에는 행성을 거느리고 있는 것들도 많다. 그중에 생명체가 존재하는 행성이 없으라는 법도 없다. 하지만 반드시 물이 있어야 한다는 것은 아니다. 우리 지구와는 전혀 다른 생명체들도 있을 수 있다. 우리와 같이 산소로 호흡하지 않고 암모니아 기체로 호흡하는 생물도 있을 수 있으며, 물을 필요로 하지 않을 수도 있다. 암석에서 필요한 영양분을 얻는 생물도 있을 수 있고, 빛이 필요하지 않은 생물이 있을 수도 있다. 우리 지구만 하더라도 빛이 닿지 않는 수천 미터 깊이의 바다에도 생물이 있으며, 깊은 땅 속에 사는 박테리아도 있지 않은가? 하지만 생명이 탄생하기 위해서는 반드시 액체 상태의 물질이 필요하다는 것은 틀림이 없으며, 그것이 물일 수도 있고 암모니아와 같은 다른 액체일 수도 있다.

이제 우리 태양계의 행성과 그 행성들에 딸린 위성 그리고 최근 발견되기 시작한 외계 행성들 중에서 과학자들이 생명체가 있을 만한 곳이라 생각하여 탐사하고 있는 행성과 위성에 대해 알아보자.

▰ 화성(Mars)

2009년, 화성에서 떨어져 나와 1만 3000년 전에 지구에 떨어진 운석에서 박테리아의 존재가 확인되었다는 미국 항공우주국(NASA)의 발표로 전 세계가 떠들썩한 사건이 있었다. 무게가 1.8Kg인 이 운석은 1984년 남극에서 발견된 것으로 'ALH84001'이라는 번호가 붙어 있었다. 이 운석의 성분은 1976년 바이킹 호가 화성에 착륙하여 토양 표본을 채취에 분석해 본 결과와 비슷했기 때문에 화성에서 온 것으로 추정하고 있었다. 많은 과학자들이 화성에서 온 이 운석에 대해 연구하고 있었는데, 길이 10억분의 1cm 정도의 작은 소시지 모양의 반점이 전자 현미경으로 찍은 사진에 나타난 것이었다. 이것은 지구에서 화석으로 발견되는 박테리아와 비슷하여 전 세계의 과학자들은 처음으로 외계 생물이 발견되었다고 흥분하였다. 하지만 나중에 그러한 모양은 단순히 광물이 모여 만든 것으로 판명되어 해프닝으로 끝나고 말았다.

 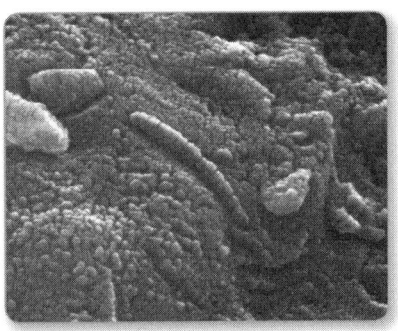

[그림 23] 화성에서 온 운석 ALH84001과
박테리아 모양이 보이는 전자현미경 사진 (NASA 제공)

화성은 지구에서 가장 가까운 행성인데다가 망원경으로 관찰했을 때 보이는 화성 표면의 운하처럼 보이는 흔적 등으로 인해 많은 상상과 연구의 대상이기도 했다. 사실 화성은 지구와 매우 흡사한 행성이다. 구름, 산맥, 산, 계곡, 사막 등이 있으며, 심지어는 지구의 북극이나 남극처럼 극관(polar cap)도 가지고 있다. 지구와 마찬가지로 자전축이 기울어져 있어 계절도 나타나고 약간의 대기도 가지고 있는 것으로 알려져 있다. 화성의 대기는 대부분이 이산화탄소로 이루어져 있고 질소 및 아르곤도 있으며 수증기의 흔적도 검출되었다. 화성의 표면에는 물이 흐른 자국도 나타나고 있어 옛날에는 물도 풍부했었던 것으로 생각된다. 화성도 지구와 마찬가지로 태양계에서 생명 거주 가능 지역에 위치하기 때문에 태양계에서는 지구 외에 생물이 존재할 수 있는 가장 가능성이 높은 행성으로 생각되고 있다.

[그림 24] 극관과 산맥 등의 지형이 보이는 화성 (NASA 제공)

화성도 생성 초기에는 많은 양의 물로 표면이 덮여 있었으나 지금은 태양 빛이 닿지 않는 깊은 계곡이나 땅 속 깊은 곳에서만 얼음 상태로 존재하고 있을 것으로 믿고 있다. 현재의 화성은 너무 춥고 건조하여 생명이 살 수 없는 행성이기는 하지만 옛날에 살았던 생명의 흔적을 찾을 수 있는 가능성이 있어 지금도 이동식 탐사선들이 화성 표면에 착륙하여 탐사를 계속하고 있다.

2004년에는 스피릿(Spirit)과 오퍼튜니티(Opportunity)라는 이름의 이동식 탐사선이 화성 표면에 착륙하여 토양과 암석 샘플을 조사하고 풍경을 촬영하여 지구에 전송하는 임무를 수행했다. 스피릿은 2010년 모래 구덩이에 빠져 이동 임무가 종료되었으며, 오퍼튜니티는 2018년까지 활동하다가 모래 폭풍으로 인해 동면 상태로 들어갔다. 하지만 계속되는 교신 시도에도 응답이 없어 결국 NASA는 2019년 2월 오퍼튜니티의 임무가 종료되었음을 선언하였다.

[그림 25] 오퍼튜니티 탐사선 (NASA 제공)

2012년에 화성에 도착한 큐리오시티(Curiosity) 탐사선은 소형차 크기로 각종 과학 실험 기구를 탑재하고 있다. 큐리오시티의 목표는 화성의 기후와 지질조사를 포함하여 물의 역할에 대한 조사와 미래의 인간의 탐험에 대비한 행성의 생명체 연구이다.

[그림 26] 스스로 자신의 모습을 촬영한 큐리오시티 탐사선 (NASA 제공)

2018년 발사된 인사이트(Insight)는 NASA의 화성 지질 탐사 착륙선이다. 주요 임무는 화성의 탄생과 태양계의 진화와 형성과정, 내부 온도, 지각활동, 화성의 열분포 등을 연구하는 것이다.

[그림 27] 인사이트 탐사선 (NASA 제공)

화성은 지금까지 가장 많이 탐사된 행성이며, 이동식 탐사선이 착륙하여 지금도 돌아다니는 유일한 행성이다. 이것은 화성이 우리 태양계의 행성 중 생명의 흔적을 찾을 가능성이 가장 높은 행성이기 때문이다. 따라서 앞으로도 화성의 탐사는 계속될 것이다.

유로파 (Europa)

유로파는 1910년 갈릴레오 갈릴레이가 발견한 목성의 위성 중의 하나로, 태양계의 위성 중 여섯 번째로 크다. 달보다는 약간 작고, 주로 암석 성분으로 구성되어 있으며, 중심부에는 철로 이루어진 핵이 있다고 생각하고 있다.

과학자들은 유로파를 외계 생명체가 존재할 가능성이 가장 높은 위성으로 꼽고 있는데, 그 이유는 유로파의 표면이 얼음으로 덮여 있기 때문이다. 즉, 물이 존재하기 때문이다. 유로파의 표면에는 불규칙한 선들이 많이 보이는데 이는 얼음이 깨진 흔적으로 과학자들은 생각하고 있다. 그리고 이러한 균열은 목성의 조석력에 의해 생긴 것이며, 두꺼운 얼음층 밑에는 지하 바다가 존재할 것으로 추측하고 있다.

[그림 28] 갈릴레오 탐사선이 촬영한 유로파 (NASA 제공)

과학자들은 유로파에 생명체가 존재한다면, 생명체는 얼음 밑의 바다에 존재하는 열수 분출공과 비슷한 환경 주변에 존재할 것이라고 생각하고 있다. 비록 태양에서부터 너무 멀리 떨어져 있어 지구에서와 같이 광합성을 하는 생명체는 없지만 지구의 심해에 존재하는 미생물과 비슷한 생명체들이 열수 분출공 근처에 모여 살고 있을 가능성을 제시하고 있다.

1970년대에만 해도 생명체는 태양에서 오는 에너지에만 의존할 것이라고 생각했다. 지구에서는 태양의 빛을 받은 식물이 광합성을 통해 이산화탄소와 물로부터 산소를 생산하고, 산소는 동물에 의해 소비되며 광합성으로 생산된 에너지는 먹이 사슬을 통해 전달된다. 그리고 심해에 사는 생물들은 빛이 닿지 않기 때문에 위에서 내려오는 영양분과 동물 시체를 먹고 산다고 생각했다. 즉, 생물이 살 수 있는 환경은 반드시 태양 빛이 있어야만 한다고 생각했었다.

그러나 1977년 깊은 바다 속에서 열수 분출공이 발견되고 그 주위에 다양한 생물들이 살고 있으며, 이 생물들은 햇빛에 전혀 의존하지 않고 독자적인 먹이 사슬을 가지고 있음도 밝혀졌다. 이렇게 태양에 전혀 의존하지 않고 화학합성을 통해 에너지를 얻는 생물이 발견됨에 따라 생물학 연구에 혁명을 가져왔다. 이러한 생물은 단지 물과 에너지가 될 화학 물질만을 필요로 한다. 또한 이 발견은 외계 생명이 존재할 가능성을 증가시켜 우주 생물학의 새로운 길을 열었다.

이러한 발견들로 인해 과학자들은 유로파의 두꺼운 얼음층 아래에 존재하는 깊은 바다 속에 생물이 존재할 수도 있을 것이라 생각하며 탐사를 계속하고 있다. 유럽우주국은 2022년에 '목성 얼음 위성 탐사선'이라는 이름을 가진 유로파 탐사선을 발사하기로 하였으며, 미국 항공우주국은 2020년대 중반 유로파 클리퍼 탐사선을 발사할 예정이다.

[그림 29] 유로파에서 간헐천이 솟는 상상도 (NASA 제공)

타이탄 (Titan)

타이탄은 토성의 위성 중에서 가장 크며, 태양계 내에서는 목성의 가니메데에 이어 두 번째로 큰 위성이다. 타이탄의 대기는 대부분 질소로 이루어져 있으며 소량의 메탄과 에탄이 섞여 있다. 바람과 비가 내리는 계절적인 특징을 보이고 있으며, 암석으로 만들어진 산, 얼음을 내뿜는 화산, 지구의 해변과 비슷한 물결 모양의 지형도 형성되어 있어 마치 원시 지구를 연상시키는 모습을 가지고 있다.

[그림 30] 카시니 탐사선이 촬영한 타이탄 (NASA 제공)

과학자들이 타이탄에 관심을 가지는 것은 표면에 안정한 상태의 액체가 확인되었기 때문이다. 그런데 타이탄에 존재하는 액체는 물이 아니라 메탄이다. 지구에서 메탄은 주로 기체 상태로 존재하지만 타이탄은 태양에서 멀리 떨어져 있어 기온이 낮기 때문에 액체 상태로 존재하는 것이다.

비록 물은 아니지만 액체 상태의 물질이 존재하기 때문에 과학자들은 미생물 혹은 복잡한 유기 화합물 형태의 생명체가 생겨날 수 있는 환경이 형성되었을 것이라 생각하는 것이다. 만일 타이탄에 생명체가 있다면 지구의 생명체와는 전혀 다를 것이다. 산소 대신 질소를 이용하여 호흡할 수도 있으며, 대사 과정도 전혀 다르고, 생태계 또한 우리가 상상할 수 없는 새로운 방식으로 구성되어 있을지도 모른다.

만일 타이탄에서 생명체가 발견된다면 그동안 생명체에 대해 우리 인간이 생각해 왔던 방식을 완전히 바꾸어야 할지도 모른다.

[그림 31] 카시니 탐사선이 촬영한 타이탄 (NASA 제공)

◣ 엔셀라두스(Enceladus)

생물체가 존재하려면 물과 같은 액체가 반드시 있어야 한다. 따라서 과학자들은 태양계 내의 물이 존재하는 위성들을 중점적으로 탐사한다. 태양계의 위성 중에서 가장 최근에 물이 존재하는 위성으로 밝혀진 것이 바로 토성의 위성인 엔셀라두스이다. 엔셀라두스는 토성에서 6번째로 큰 위성으로 그동안은 얼음 위성으로 알려졌을 뿐 그다지 관심을 받지는 않았다. 엔셀라두스 위성이 본격적으로 탐사되기 시작한 것은 1997년 미국 항공우주국(NASA)과 유럽항공우주국(ESA)이 공동으로 만든 카시니-호이겐스(Cassini-Huygens) 탐사선을 토성에 보내기 시작한 다음부터이다. 이 탐사선은 카시니호와 호이겐스호로 구성되었는데, 카시니호는 호리겐스호를 토성까지 운반한 다음 궤도를 돌며 토성과 위성들을 관측하는 궤도선이고, 호이겐스호는 토성의 위성인 타이탄에 착륙하여 탐사하는 착륙선이다.

[그림 32] 카시니-호이겐스호의 토성 탐사 상상도 (NASA 제공)

카시니 탐사선은 호이겐스호를 타이탄에 착륙시킨 후, 토성 주위를 돌며 여러 번 엔셀라두스 위성에 접근하여 표면의 세세한 부분까지 탐사하였다. 이때 엔셀라두스의 남극 지방에서 물이 주성분인 물질이 뿜어져 나오는 현상을 발견하였고, 남극 근처의 활화산에서는 수증기와 나트륨 화합물, 얼음 결정을 포함한 고체 물질이 우주 공간으로 뿜어져 나오는 현상을 발견하였다.

이런 현상은 엔셀라두스의 내부에 물로 된 바다가 존재하며, 위성의 내부에 에너지를 공급하는 열원이 있음을 강력하게 시사하는 것이다. 물로 된 바다와 에너지를 공급하는 열원이 있다는 것은 바로 생명체가 존재할 수 있는 가능성을 나타낸다.

물론 현재까지 엔셀라두스에 생명체의 흔적을 발견한 것은 아니다. 하지만 생명체를 태동할 수 있는 환경을 갖추고 있다는 면에서 엔셀라두스는 과학자들의 커다란 관심을 받고 있다.

[그림 33] 엔셀라두스 표면에서 얼음 결정이 분출되는 모습 (NASA 제공)

토성과 토성의 위성인 타이탄, 엔셀라두스를 탐사한 카시니호는 2017년 토성의 대기 속으로 하강하면서 대기와의 마찰로 불타기 직전까지 토성 대기에 관한 자료를 지구에 전송하며 최후를 마쳤다. 이렇게 탐사선을 파괴하는 목적은 혹시나 탐사선에 실린 방사성 물질이 타이탄이나 엔셀라두스의 바다를 오염시켜 거기 살고 있을지도 모를 생명을 해칠 가능성을 차단하기 위한 것이다.

◤ 지구형 외계 행성

근래 과학자들의 생명체 탐사는 우리 태양계뿐만 아니라 다른 항성계의 행성에까지 이르고 있다. 다른 항성계의 행성을 탐사한다는 것은 보통 어려운 일이 아니다.

대부분의 행성은 어미별의 빛에 가려 그 존재를 알아내기 어렵다. 더구나 지구와 같이 어미별에서 적당한 거리에 떨어져 있어 물이 액체 상태로 존재하는 생명체 거주 가능 지역에 위치한 행성을 찾는 것은 건초더미에서 바늘을 찾는 것보다 더 어려운 일이다. 그럼에도 불구하고 21세기에 들어서면서 지구형 외계 행성이 여러 개 발견되었다.

지구형 외계 행성 탐사의 초기에는 주로 행성이 공전함에 따라 일어나는 어미별의 미세한 떨림을 통해 외계 행성을 찾아냈다. 그러다 보니 발견할 수 있는 행성은 질량이 지구의 2~10배 정도인 '슈퍼 지구(Super-Earth)'들이었다. 슈퍼 지구는 중력이 강하고 대기가 안정적인 지구형 행성으로, 지구처럼 표면이 암석으로 되어 있으며 지각 운동이 활발한 것으로 추정되는 행성들이다. 최초로 발견된 슈퍼 지구는 2005년에 발견된 글리제(Gliese) 876d로 '글리제 876'은 지구에서 15광년 떨어진 별의 이름이고, 'd'는 그 별의 네 번째 행성이라는 뜻이다.

본격적으로 외계 행성을 찾아내기 시작한 것은 2009년 미국항공우주국이 케플러 우주 망원경(Kepler Space Observatory)을 발사한 다음부터이다. 케플러 우주 망원경은 태양 주위의 궤도를 돌면서 행성이 별 앞쪽을 지나갈 때 생기는 별빛의 미세한 변화를 포착하여 새로운 행성을 찾아낸다. 사실 미세한 별빛의 변화로 행성을 찾아낸다는 것은 매우 어려운 일이다. 태양계 밖의 외부 관찰자가 지구와 태양을 관찰한다고 가정해 보면 명확히 알 수 있다. 지구 지름은 태양 지름의 109분의 1에 불과하다. 따라서 태양계 외부 관찰자에게 지구가 가리는 태양 빛의 양은 전체 태양 빛의 0.008%에 불과하다. 이러한 미세한 별빛의 변화로 행성을 찾아내려면 지속적이 관찰이 필수적이다.

[그림 34] 케플러 우주 망원경 (NASA 제공)

케플러 우주 망원경은 2019년까지 2,400여 개의 외계 행성을 발견하였다. 그중 생명체가 존재할 수 있는 지구형 외계 행성은 케플러-452b, 케플러-438b, 케플러-186f 등이 있다. 특히 백조자리에 있는 항성 케플러-452를 공전하는 케플러-452b 행성은 지름이 지구의 1.6배, 공전 주기는 385일로 이제까지 발견된 행성 중 크기와 공전 주기 등이 지구와 가장 비슷한 것으로 알려져 있다.

[그림 35] 지구와 외계 행성 케플러 452b (NASA 제공)

케플러 우주 망원경은 2018년 외계 행성 탐사 임무를 종료하였으며, 현재는 새로운 우주 망원경인 TESS(Transiting Exoplanet Survey Satelite)가 외계 행성 탐사 임무를 맡고 있다. NASA에서는 2019년 3월까지 발견된 1822개의 지구형 외계 행성 목록을 작성하여 지속적인 탐사를 계속하고 있다.

물론 지구형 외계 행성이 발견되었다고 해서 거기에 외계 생명체가 살고 있다는 것은 아니다. 단지 외계 생명체가 살 수 있는 환경이 조성된 행성이 우리 은하계에도 매우 많이 존재한다는 것뿐이다. 설사 생명체의 흔적이 발견된다고 하더라고 현재의 과학 기술로는 항성 간의 여행이 불가능하므로 직접 가 볼 수는 없다. 하지만 먼 훗날 항성 간의 여행이 가능해진다면 지금 우리가 찾아낸 지구형 외계 행성들을 방문할 날이 올지도 모른다.

 ## 5 우리 은하에 존재하는 고등 문명체의 수는 얼마나 될까?

그동안 많은 천문학자들이 지구 이외의 곳에 존재할지 모를 생명체의 존재를 확인하기 위해 애써 왔으나 아직 이렇다할 증거를 찾지 못하고 있다. 생명체의 증거가 없다고 해서 생명체가 존재하지 않는다고 할 수는 없다. 우주와 관련된 분야를 연구하는 과학자들의 대부분은 지구 이외에도 생명체가 존재한다고 믿고 있다. 우리가 살고 있는 태양계와 지구는 우주적 관점에서 볼 때 별로 특이한 것은 아니기 때문이다. 태양은 평균 정도의 별일 뿐이며, 많은 별들이 지구와 같은 행성을 거느리고 있는 것으로 알려져 있다. 우리 은하 내에는 수없이 많은 별이 있으며, 그 별들에 딸린 행성 수도 엄청나게 많고, 따라서 어쩌면 그곳에 존재하는 생명체의 수도 엄청날지 모른다. 그들 중에는 원시 상태에 있는 것도 있을 수 있으며, 우리보다 훨씬 발달된 문명을 가지고 있는 고등 생명체도 있을 수 있다.

과학자들 중에는 우리 은하계에도 우리보다 더 높은 지능을 가지고 문명을 이룬 문명체들이 존재한다고 믿고, 그 문명체의 수를 계산해 본 과학자들도 있다. 과학자들이 우리 은하 내의 고등 문명체를 계산할 때의 기본 아이디어는 은하 내의 문명체는 일정한 비율로 탄생하며, 탄생한 문명체는 유한한 수명을 가지고 있다는 것이다. 우리 인간이 탄생시킨 문명은 겨우 5,000년 정도의 역사를 가지고 있을 뿐이며, 앞으로 얼마나 지속될지는 모르지만 언젠가는 멸망할 것이다. 지구 자원을 모두 소모해서 망할 수도 있으며, 문명 발달에 따른 환경오염으로 망할 수도 있고, 서로 간의 전쟁으로 망할 수도 있다. 게다가 소행성 충돌과 같이 피할 수 없는 원인으로 망할 수도 있다. 어쨌든 우리 은하 내에는 일정한 비율로 고등 문명체가 탄생하고, 이들 문명체는 유한한 수명을 가지고 있을 것이라는 것이 고등 문명체가 존재한다는 과학자들의 기본 생각이다.

은하 내에 항상 일정한 수의 고등 문명체가 존재할 것이라는 생각은 다음과 같은 비유로 쉽게 이해할 수 있다. 어두운 방에 15분마다 촛불을 켠다고 하자. 만일 촛불의 수명이 1시간이면 처음 15분 동안은 한 개, 30분 동안은 두 개, 45분 동안은 세 개, 한 시간 동안은 네 개의 촛불이 켜져 있을 것이다. 그러나 다섯 번째 이후부터는 촛불이 켜질 때마다 다른 촛불이 꺼지기 때문에 켜져 있는 촛불의 숫자는 항상 네 개로 유지될 것이다.

이와 같은 생각을 바탕으로 1960년대에 드레이크(Frank Drake)라는 과학자는 은하 내의 존재하는 고등 문명체의 수를 추정할 수 있는 다음과 같은 방정식을 제안한 바 있다.

$$N = R^* \times f_p \times n_e \times f_l \times f_i \times f_c \times L$$

'드레이크 방정식'이라 부르는 이 식에 나오는 변수들의 의미와 추정값을 알아보자. 우리가 알고자 하는 것은 우리 은하 내에 존재하는, 교신 가능한 통신 기술을 가진 문명체의 수로 N으로 표시된다. 이 숫자는 우변에 있는 각각의 변수를 곱한 값으로 나타나고, 변수의 값들을 정확히 알아낼 수만 있다면 원하는 값을 구할 수 있을 것이다.

① R^* : 우리 은하 내에 1년 동안 탄생하는 항성의 수

매년 우리 은하에서 태어나는 항성의 수로, 전체 항성의 수를 평균 수명으로 나눈 것이다. 이 값은 비교적 정확하게 알아낼 수 있다. 천문학자들은 우리 은하에 약 1,000억 개의 항성이 있으며 이들 항성의 수명은 대체적으로 100억 년이라고 본다. 따라서 1,000억 개의 항성을 100억 년으로 나누면 매년 태어나는 항성은 10개 정도라고 볼 수 있다.

② f_p : 태어난 항성들이 행성을 가지고 있을 확률

천문학자들에 의하면 항성은 태어날 때 행성을 거느리고 태어나든가 두 개 또는 그 이상의 항성이 궤도 운동을 하는 이중성 또는 다중성계로 태어난다고 한다. 관측 결과 모든 항성의 절반 정도가 이중성 또는 다중성이므로 행성을 거느리고 태어날 항성의 수는 태어난 전체 항성의 1/2 정도라고 볼 수 있다. 따라서 f_p는 0.5 정도로 추정할 수 있다.

③ ne : 항성에 속한 행성들 중에서 생명체가 살 수 있는 행성의 수

이 변수는 행성 중에서 생명거주가능 지역(골디락스 존)에 있는 행성이 몇 개나 되는지를 나타내는 값이다. 우리는 태양계 외의 행성에 대해 거의 아는 바가 없지만, 최근의 연구에 의하면 다른 항성에서도 생명거주가능 지역에 있는 행성들이 자주 발견되고 있다. 우리 태양계의 8개의 행성 중에서 생명거주가능 지역에 있는 행성은 지구와 화성뿐이다. 일단 여기서는 항성마다 생명거주가능 지역에 하나 정도의 행성이 있다고 하자. 즉, ne의 값을 1로 보자.

④ fl : 조건을 갖춘 행성 중에서 실제로 생명체가 탄생할 확률

생명거주가능 지역에 있는 행성에 생명이 태어나는 것은 당연한 사건일까? 아니면 지구에만 해당하는 아주 예외적인 사건일까? 지구에서 일어나는 물리학적 법칙들이 우주 어느 곳에서도 성립하고, 지구에서 일어나는 화학 반응들도 조건만 맞으면 어디에서나 일어날 수 있다. 따라서 지구상에서 일어나는 생물학적 현상도 비슷한 조건을 가진 곳에서는 당연히 일어날 수 있을 것이다. 지구만이 생명이 존재하는 유일한 행성이라는 생각은 옳지 않으며, 오히려 생물은 우주의 보편적인 현상이라고 보는 것이 타당하다. 따라서 생명거주가능 지역에 행성이 있다면 그곳에서 생물이 탄생할 확률은 100%, 즉 fl 값은 1이라고 볼 수 있다.

⑤ fi : 탄생한 생명체가 지적 문명체로 진화할 확률

사실 이 값은 추정하기 어려운 값이다. 일단 여기에서는 생명체가 탄생한 별 중에서 100개 중의 1개 즉, 1%만이 지적 문명체로 진화할 것이라 생각해 보자. 그렇다면 fi의 값은 0.01이 된다.

⑥ fc : 탄생한 지적 문명체가 중에서 통신기술을 가진 문명체로 진화할 확률

이 값 역시 추정하기 어려운 값이다. 지구에 국한시킨다면 1이 되겠지만 다른 문명체의 존재조차 모르는 현실에서 그 값을 추정하기는 어렵다. 일단 여기에서는 탄생한 지적 문명체 중에서 100개 중의 1개 즉, 1% 만이 우리와 같이 통신기술을 가진 문명체로 진화한다고 생각해 보자. 그렇다면 fc 값도 0.01이 된다.

⑦ L : 통신 기술을 가지고 있는 지적 문명체가 존속할 수 있는 기간

지금까지의 변수는 크든 작든 어느 정도 유추해 볼 수 있는 값들이다. 하지만 통신 기술을 가진 지적 문명체가 얼마나 오래 존속할 수 있을지는 전혀 짐작조차도 할 수 없다. 천 년? 만 년? 백만 년? 천만 년?

우리 인간의 문명도 지금 겪고 있는 자원 문제, 환경 문제 등을 생각해 보면 앞으로 수천 년 아니 수백 년도 지탱하지 못

할 것으로 보이기도 한다. 물론 모든 난관을 모두 극복하고 수백만 년 동안 문명이 지속할 수도 있을 것이다. 여기서는 극단적인 두 개의 값을 생각해 보자. 하나는 소극적인 값으로 우리의 문명이 앞으로 10,000년밖에 지속하지 못한다는 것이고, 다른 하나는 적극적인 값으로 모든 난관을 극복하고 우리의 문명이 1,000만 년 동안 지속한다는 것이다.

지금까지의 모든 변수를 고려하여 우리 은하 내에 통신 기술을 가진 문명체의 수를 계산한 값은 다음과 같다.

문명 지속 기간이 10,000년일 때,
N = 10개/년 × 0.5 × 1 × 1 × 0.01 × 0.01 × 10,000년 = 5개

문명 지속 기간이 1,000만 년일 때,
N = 10개/년 × 0.5 × 1 × 1 × 0.01 × 0.01 × 10,000,000년 = 5000개

즉, 문명 존속 기간이 만 년 정도로 소극적으로 계산해도 우리 은하계에는 우리와 같은 정도의 문명이 5개는 존재하며, 문명 존속 기간이 천만 년 정도라면 무려 5,000개의 문명이 존재한다고 볼 수 있다.

여기서 알아본 것은 우리 은하 내에 존재하는, 교신 가능한 통신

기술을 가진 문명체를 알아본 것이다. 다시 말하면 우리 인간 정도의 문명체의 수를 알아본 것이다. 물론 우리가 상상할 수도 없을 정도로 높은 문명을 가지고 있을 수도 있을 것이다. 어쨌든 우리 은하 내에만 해도 얼마간의 문명체가 존재할 것이라 생각할 수 있다. 그런데 범위를 우리 은하에만 국한하지 않고, 전 우주를 대상으로 한다면 우리와 같은 정도의 문명체는 헤아릴 수 없을 정도로 많게 된다. 우리 우주에는 약 1,000억 개의 은하가 존재하는 것으로 알려져 있으므로, 우리와 같은 정도의 문명체 역시 최소 수천억 개 이상 존재할 것이다. 천문학자이며 작가인 칼 세이건(Carl Edward Sagan)은 유명한 저서 〈코스모스〉에서 다음과 같은 유명한 글을 남겼다.

"이 우주에 우리들밖에 없다면 엄청난 공간의 낭비이다."

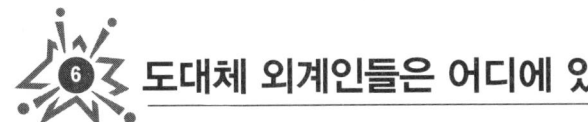 도대체 외계인들은 어디에 있는 거야?

우리 은하계와 우주에 수없이 많은 지적 문명체가 존재할 것이라는 과학자들의 추정에도 불구하고 외계인이 우리 지구를 방문했다는 증거는 어디에서도 찾을 수 없다. 과학자들의 외계 지적 문명체에 대한 호기심은 우리와 다르지 않다.

이탈리아의 유명한 핵물리학자인 페르미(Enrico Fermi)는 1950년 네 명의 물리학자와 식사를 하던 중 우연히 외계인에 대한 이야기를 하게 되었는데, 우주의 나이와 크기로 비추어 볼 때 외계인이 존재할 것이라는 데 의견 일치를 보았다. 그러자 페르미 그 자리에서 계산을 해보고는 무려 100만 개의 문명이 우주에 존재할 것이라는 결과를 내놓았다고 한다. 그리고 수많은 외계 문명이 존재한다면 어째서 우리들 앞에 외계인이 나타나지 않는지 의문을 제기하며 '도대체 외계인은 어디에 있는 거야?'라는 질문을 던졌다. 이런 종류의 문제를 페르미가 처음으로 던진 것은 아니었으나, 페르미가 처음으로 이 문제를 '외계인의 존재 가능성'에 대한 문제로 단순화 하였으므로 흔히 '페르미의 역설'이라고 부른다.

관측 가능한 우주에만도 수천억 개의 은하가 존재하며, 또 은하마다 수천억 개의 별이 있으니, 생명이 존재할 수 있는 행성의 수는 그 야말로 수백억, 수천억 개가 있을 것이라는 계산은 쉽게 나온다. 그런데도 우리는 왜 아직까지 외계인을 한 번도 본적이 없을까? 흔히 외계인은 존재하고 지구를 방문하였지만 우리가 그것을 알지 못하고 있다던가, 과거에는 방문하였지만 지금은 방문하지 않고 있다던가, 그 어떤 이유로 지구를 방문하지 않고 있다던가, 혹은 우리와 같이 우주로 진출하기 위한 기술적 난관을 극복하지 못했기 때문이라고 주장하는 사람들도 있지만 이러한 주장들은 과학적 근거를 가지고 있는 것은 아니다.

과학자들이 생각하는 페르미의 역설에 대한 생각은 다음과 같다.
첫째는 항성간의 거리 문제이다. 항성 간의 거리가 너무 멀어 어떠한 문명도 그만한 거리를 여행할 수 있는 기술을 확보하지 못했다는 것이다. 우리 태양계에서 가장 가까운 항성인 '알파 센타우리'만 해도 4광년 정도 떨어져 있다. 빛의 속도로 간다고 해도 무려 4년이 넘게 걸린다는 것이다. 현재 시속 56,000Km가 넘는 속도로 태양계를 벗어나고 있는 보이저 호로 이곳에 도달하려면 무려 8만 년이 걸리는 먼 곳이다. 과학자들은 어떠한 문명도 항성 간의 여행을 할 수 있을 정도로 발달하지 못했기 때문에 외계인을 만나지 못한 것이라 생각한다.

둘째는 통신 수단의 문제이다. 비록 외계 문명이 존재한다 하더라고 그들과 교신하기에는 우리의 통신 수단이 너무나 원시적이라는 것이다. 외계인이 신호를 보내온다 하더라도 우리의 기술로는 그것을 포착하지 못할 수도 있다는 것이다.

세 번째는 시간의 문제이다. 우리 인류가 현재의 문명에 도달하기까지 1만 년도 되지 않았다. 우주의 역사에서 보자면 찰나에 불과한 것이다. 다른 외계 문명도 그렇다면, 이 오랜 우주의 시간 속에서 두 찰라가 동시에 존재할 확률은 거의 없다고 볼 수 있다.

하지만 이런 거리와 통신 수단, 시간의 문제를 해결한 고도의 외계 문명도 있을지 모른다. 우주는 상상할 수도 없이 넓고, 상상할 수도 없이 많은 문명체가 존재하며, 상상할 수도 없이 고도로 발달된 문명을 가지고 있을지도 모른다. 또는 우리 인간도 앞으로 상상할 수도 없이 고도로 문명이 발달하여 외계인을 직접 찾아 나설 날이 올지도 모른다. 거의 무한에 가까운 크기와 무한에 가까운 시간을 가지고 있는 이 우주에서 무슨 일이 일어날지 누가 알겠는가?

평화냐? 전쟁이냐?

외계인과의 접촉을 다룬 많은 영화를 보면 대부분은 외계인이 필요한 자원을 얻기 위해 지구를 공격하는 스토리를 가진 것들이 많다. 물론 평화적으로 지구를 방문하는 스토리를 가진 영화도 있지만, 대부분은 영화의 재미를 위해 외계인의 침략을 다룬 것이 많다. 만일 고도의 문명을 가진 외계인이 우리 지구를 방문한다면 평화적으로 올까? 아니면 적대적으로 공격해 올까?

영화에서처럼 지구의 자원 혹은 생명이 살 수 있는 환경 때문에 지구를 침략한다는 것은 과장스러운 면이 있다. 항성을 오갈 수 있을 정도의 문명을 가진 외계인이라면 지구를 꼭 집어 침략할 이유는 없을 것이다. 우주에서 지구는 특별한 행성이 아니다. 이 우주에는 지구와 비슷한 환경이나 자원을 가진 행성들이 얼마든지 있다. 만일 외계인이 자원이나 환경 때문에 자신의 행성을 떠나 다른 행성으로 이주한다면 굳이 머나먼 지구를 찾아올 필요는 없을 것이다. 가까운 곳에서도 얼마든지 필요한 자원과 환경을 가진 행성을 찾을 수 있을 것이다.

만일 고도의 문명을 가진 외계인이 우리 지구를 방문한다면, 아마도 우리 인간처럼 외로움이나 호기심 때문이 아닐까? 이 크나큰 우주에 홀로 존재한다는 외로움 혹은 우리처럼 '나는 누구인가?'라는 의문을 풀려는 호기심 때문에 방문할 가능성이 클 것으로 생각하는 과학자들도 있다. 항성 간의 여행을 한다는 것은 어마어마한 에너지와 시간을 필요로 하는 일이다. 어마어마한 에너지와 시간을 들여 굳이 우리 지구를 방문한다면 그것은 침략을 위한 것이기 보다는 오히려 상호간의 이해를 위해 찾아오는 것이 아닐까?

얼마 전에 돌아가신 영국의 물리학자 호킹(Stephen Hawking) 박사는 '외계인의 존재는 확신하지만, 접촉은 최대한 피해야한다.'고 했다. 호킹 박사는 '수학적인 내 두뇌로 판단할 때 숫자 자체만 놓고 보더라도 외계 생명체가 존재한다고 생각하는 것은 아주 합리적인 것이라며 정작 어려운 문제는 외계인들이 어떤 생명체들일 것이냐이다'라고 말했다. 그는 대다수의 외계 생명체들은 오랜 세월 동안 지구를 뒤덮었던 미생물의 형태일 것으로 보고 있지만 이들 중 소수는 매우 진화된 형태로, 인류에 큰 위협을 불러올 수도 있을 것으로 우려한 것이다.

호킹 박사는 외계 생명체들과의 접촉을 시도하는 것은 '콜럼버스가 처음 아메리카 대륙에 도달했던 것이 아메리카 원주민들에게 좋지 않은 결과를 가져온 것과 비슷할 것이라며 너무 위험한 결과를 가져올 것'이라고 경고했다. 이 말은 외계인이 우리 지구를 공격할 수도 있다는 경고인 동시에 유럽인이 아메리카 원주민에게 많은 질병으로 고통 받게 했던 것처럼 예측할 수 없는 위험을 가져올 수도 있다는 경고이다.

미래에 우리가 외계 문명체를 방문할 수 있을 정도의 과학 기술을 가지게 된다면 우리는 어떤 태도를 가져야 할까?